高等院校工业设计专业系列教材

产品造型设计

Product Form Design

曹祥哲 编著

清华大学出版社
北京

内 容 简 介

本书力求体现工业设计专业特色以及产品设计实践的基础特性与实践特性，强调理论联系实际，旨在对产品造型的基本理念、产品造型的价值、产品造型与形态的关系、产品造型与形态设计构成法则、产品造型与形态的设计方法、产品造型与形态的形式美学、产品形态外在表现以及产品语义等知识进行全面讲解。从产品造型与形态设计基础进行概述，逐步展开，形成由平面到立体创造的完整体系，系统讲解了产品造型设计基础的各项知识，全面将产品造型的基本要素纳入学习领域，使读者认识和领悟产品造型的要素，如造型、形态、功能、结构、机能、材料、语义等关系，并使学生真正掌握产品造型设计的内涵与方法。

本书强调用案例讲解理论观念，结合每一个理论观点，引入国内外经典优秀设计作品进行解析。笔者针对每一件作品都进行了详细解读，使读者在丰富精彩的案例解析中领悟产品造型设计基础的相关知识点，轻松掌握产品造型设计的新观念、新思路、新方法和新技巧，以此了解产品设计所必须具备的知识与素养，从而为成为一名优秀的产品设计师打下坚实的基础。

本书结构合理，内容丰富，不仅可以作为高等院校工业设计和产品设计专业的教材使用，而且可供其他相关专业及广大从事工业产品设计的人员阅读参考。

图书在版编目 (CIP) 数据

产品造型设计 / 曹祥哲　编著 . — 北京：清华大学出版社，2018（2023.9重印）

（高等院校工业设计专业系列教材）

ISBN 978-7-302-49383-9

Ⅰ . ①产… Ⅱ . ①曹… Ⅲ . ①工业产品—造型设计—高等学校—教材 Ⅳ . ① TB472.2

中国版本图书馆 CIP 数据核字 (2018) 第 014851 号

责任编辑：李　磊
装帧设计：王　晨
责任校对：曹　阳
责任印制：杨　艳

出版发行：清华大学出版社

网　　　址：http://www.tup.com.cn，http://www.wqbook.com

地　　　址：北京清华大学学研大厦A座　　　　　邮　　编：100084

社 总 机：010-83470000　　　　　　　　　　　邮　　购：010-62786544

投稿与读者服务：010-62776969，c-service@tup.tsinghua.edu.cn

质 量 反 馈：010-62772015，zhiliang@tup.tsinghua.edu.cn

印 装 者：北京博海升彩色印刷有限公司

经　　销：全国新华书店

开　　本：190mm×260mm　　　印　　张：11.25　　　字　　数：332千字

版　　次：2018年3月第1版　　　　　　　　　　印　　次：2023年9月第7次印刷

定　　价：59.80元

产品编号：068540-01

高等院校工业设计专业系列教材

编委会

序

今天，离开设计的生活是不可想象的。设计，时时事事处处都伴随着我们，我们身边的每一件东西都被有意或无意地设计过和设计着。

工业设计也是如此。工业设计起源于欧洲，有百年的发展历史，随着人类社会的不断发展，工业设计也经历了天翻地覆的变化：设计对象从实体的物慢慢过渡到虚拟的物和事，设计方法关注的对象也随之越来越丰富，设计的边界越来越模糊和虚化；从事工业设计行业的人，也不再局限于工业设计或产品设计专业的毕业生。也因此，我们应该在这种不确定的框架范围内尽可能全面和深刻地还原和展现工业设计的本质——工业设计是什么？工业设计从哪儿来？工业设计又该往哪儿去？

由此，从语源学的视角，并在不同的语境下厘清设计、工业设计、产品设计等相关的概念，并结合对围绕着我们的"被设计"的事、物和现象的观察，无疑可以帮助我们更深刻地理解工业设计的内涵。工业设计的综合性、交叉性和边缘性决定了其外延是广泛的，从艺术、文化、经济和技术等不同的视角对工业设计进行解读或许可以更完整地还原工业设计的本质，并帮助我们进一步理解它。

从时代性和地域性的视角下对工业设计历史的解读，不仅仅是为了再现其发展的历程，更是为了探索推动工业设计发展的动力，并以此推动工业设计进一步的发展。无论是基于经济、文化、技术、社会等宏观环境的创新，还是对产品的物理空间环境的探索，抑或功能、结构、构造、材料、形态、色彩、材质等产品固有属性以及哲学层面上对产品物质属性的思考，或者对人的关注，都是推动工业设计不断发展的重要基础与动力。

工业设计百年的发展历程给人类社会的进步带来了什么？工业发达国家的发展历程表明，工业设计教育在其发展进程中发挥着至关重要的作用，通过工业设计的创新驱动，不但为人类生活创造美好的生活方式，也为人类社会的发展积累了极大的财富，更为人类社会的可持续发展提供源源不断的创新动力。

众所周知，工业设计在工业发达国家已经成为制造业的先导行业，并早已成为促进工业制造业发展的重要战略，这是因为工业设计的创新驱动力发生了极为重要的作用。随着我国经济结构的调整与转型，由"中国制造"变为"中国智造"已是大势所趋，这种巨变将需要大量具有创新设计和实践应用能力的工业设计人才，由此给我国的工业设计教育带来了重大的发展机遇。我们充分相信，工业设计以及工业设计教育在我国未来的经济、文化建设中将发挥越来越重要的作用。

目前，我国的工业设计教育虽然取得了长足发展，但是与工业设计教育发达的国家相比确实还存在着许多问题，如何构建具有创新驱动能力的工业设计人才培养体系，成为高校工业设计教育所面临的重大挑战。此套系列教材的出版适逢"十三五"专业发展规划初期，结合"十三五"专业建设目标，推进"以教材建设促进学科、专业体系健全发展"的教材建设工作，是高等院校专业建设的重点工作内容之一，本系列教材出版目的也在于此。工业设计属于创造性的设计文化范畴，我们首先要以全新的视角审视专业的本质与内涵，同时要结合院校自身的资源优势，充分发挥院校专业人才培养的优势与特色，并在此基础上建立符合时代发展的人才培养体系，更要充分认识到，随着我国经济转型建设以及文化发展对人才的需求，产品设计专业人才的培养在服务于国家经济、文化建设发展中必将起到非常重要的作用。

　　此系列教材的定位与内容以两个方面为依托：一、强化人文、科学素养，注重世界多元文化的发展与中国传统文化的传承，注重启发学生的创意思维能力，以培养具有国际化视野的复合型与创新型设计人才为目标；二、坚持"科学与艺术相融合、创新与应用相结合"，以学、研、产、用一体化的教学改革为依托，积极探索具有国内领先地位的工业设计教育教学体系、教学模式与教学方法，教材内容强调设计教育的创新性与应用性相结合，增强学生的创新实践能力与服务社会能力相结合，教材建设内容具有鲜明的艺术院校背景下的教学特点，进一步突显了艺术院校背景下的专业办学特色。

　　希望通过此系列教材的学习，能够帮助工业设计专业的在校学生和工业设计教学、工业设计从业人员等更好地掌握专业知识，更快地提高设计水平。

天津美术学院产品设计学院
副院长、教授

前 言

工业设计是一门综合性的应用学科，更是一项创造性的智慧活动。其涉及领域十分广泛，它是以工业产品为主要对象，将科技与艺术相结合，以人性化设计理念为导向，以保护自然环境、提高人们的生活质量为宗旨，以创造新的生活方式为目标，综合运用科技成果和工学、美学、心理学、经济学等知识，对产品的功能、结构、形态及包装等进行整合优化的创新活动。

工业设计的核心是产品设计，产品设计是工业设计体系与学科建设的重要内容，其围绕产品的形态、材料、构造、色彩、表面加工及装饰而赋予特定产品以新的品质。产品设计是企业创新与发展的途径与方向，是提高产品附加值的有效手段，是知识产权的主要内容，是树立产品品牌形象并提高企业知名度的重要策略。

我国"十三五"规划纲要中提到要"实施制造业创新中心建设工程""支持工业设计中心建设"以及"设立国家工业设计研究院"等多项举措，这是"工业设计"第三次被写入国民经济发展的五年规划纲要中，进一步表明工业设计在我国创新驱动发展中的重要地位与关键作用。

面对我国工业设计高速发展的机遇，工业设计教育显得更加重要。优秀的工业设计教育为培养学生树立正确的价值观念与提高专业技能，为国家输送高素质专业人才起到重要作用。立志成为工业设计师的学子们要全面学习工业设计和产品设计的课程知识，以此才能适应社会发展的需求。如今消费者多元化的需求向产品设计教学与实践提出了更高的要求，设计者需要将技术与文化、环境、美学、市场等因素结合起来进行系统考量，产品不仅在功能和性能上要满足用户的需要，更要在产品的形态、肌理以及情感表达上满足用户的需求。可以说产品造型设计是一项更加系统与复杂的工作。

在这样的背景下，笔者编写了这本《产品造型设计》。该书是工业设计以及产品设计教学中重要的必修课程，它具有基础性、过渡性、衔接性的特点，将发现性、创新性、表现性与实践性充分结合。

本书力求体现高等院校工业设计专业的特色以及设计实践的基础特性，强调理论联系实际，包含笔者在工业设计教学和实践活动中的思考与感悟，也结合了产品设计实践中的优秀成果，强调利用案例讲解理论观念。笔者结合每一个理论观点，并引入国内外经典优秀设计作品进行解析。这些作品都是笔者精心挑选出来具有代表性的案例，既有国际大师的作品，也有国产自主品牌和本土优秀设计，还有优秀学子的毕业创作等。笔者针对每一件作品都进行了详细解读，使读者在丰富精彩的案例解析中领悟产品造型设计的相关知识点，轻松掌握产品造型设计的新观念、新思路、新方法和新技巧，了解产品设计所必须具备的知识与素养，从而为成为一名优秀的产品设计师打下坚实的基础。

本书共分7章，每一章都以基础理论为线索详细展开，利用框架图说明，使读者能够全面掌握所讲知识点。

第1章为产品造型基础概述，本章从产品造型的基本定义讲起，阐述了产品造型的构成要素、重要作用与价值体现，并利用案例充分解析。

第2章为产品造型中的形态基础，本章主要讲解产品形态的定义、生成方式、产品形态种类以及不同种类的形态设计方法，并引用大量案例分析。

第3章为产品形态构成要素，本章从形态中的点、线、面、体元素进行全面讲解，并讲解点、线、面、体元素在产品造型中的应用和表现，同时利用案例分析，使读者领悟产品的形态构成法则。

第 4 章为产品造型设计美学法则，本章主要讲解了各种美学形式以及其在产品造型设计中的表现与应用，并结合大量产品设计案例进行充分解析。

第 5 章与第 6 章分别为产品造型与材料、产品造型与色彩。这两章主要讲解了各种材料的属性在产品造型中的应用与表现，以及色彩在产品造型中的应用与表现，并结合大量产品设计案例进行充分解析。

第 7 章为产品造型的语义，本章主要讲解产品造型的符号基础与信息传达功能。

本书由曹祥哲编著，兰玉琪、邓碧波、马彧、陈永超、李巨韬、汪海溟、寇开元、吕太锋、谭周、周旭、龙泉等也参与了本书的编写工作。由于作者水平所限，书中难免有疏漏和不足之处，恳请广大读者批评、指正。

本书提供了 PPT 教学课件，扫一扫右侧的二维码，推送到自己的邮箱后即可下载获取。

编 者

目 录

第4章　产品造型设计美学法则 94

第5章　产品造型与材料 119

第6章 产品造型与色彩

第7章 产品造型的语义

《第1章》
产品造型基础概述

1.1 造型与造型艺术的概念

1.1.1 造型的概念

"造型"一词已经进入我们生活中的各个领域,我们每天使用的产品需要造型,居住的建筑需要造型,甚至我们打理头发也需要造型,那应该如何理解"造型"的含义呢?汉语中的"造"字是指制造、创造、塑造,"型"是指模型和类型,"造型"在《现代汉语词典》中解释为创造物体形象,也指创造出来的物体的形象。广义的造型是指一切可感形象的塑造,它可以是视觉性的、听觉性的,甚至是以视、听觉为媒介的想象形象。一般广义的"造型"其同义词为"塑造";狭义的"造型"则是指一切可以被视觉感知的形象塑造,无造型的事物只存在于抽象的思维之中。我们一般所指的造型就是狭义的造型,所以造型就是指利用不同实体要素塑造出整体的形象。

1.1.2 造型艺术的概念

造型艺术是指占有一定空间,并构成具有美感的形象,使人可以通过视觉来欣赏的艺术。造型艺术可以是平面艺术,也可以是立体艺术。

造型艺术涵盖各个领域,例如绘画、盆景、园林、建筑等。如图 1-1 所示,从传统的民间剪纸艺术到现代图形艺术、绘画艺术,乃至各种立体造型艺术,都是人们利用不同物质材料,通过人工设计与制作,塑造出具有美感的平面或立体形象,都属于反映客观具体事物的一门艺术,因此它们都属于造型艺术,如图 1-2 至图 1-7 所示。

图 1-1 造型与造型艺术的关系

图 1-2　传统剪纸造型艺术

图 1-3　现代吉祥物造型艺术

图 1-4　西方绘画造型艺术

图 1-5　中国传统绘画造型艺术

图 1-6　紫砂壶造型设计　　　　　　　　　图 1-7　建筑造型设计

1.2　产品造型设计的概念

　　产品造型设计是指围绕产品的形态、材料、构造、色彩、表面加工及装饰赋予特定产品以新的品质。

　　我国古代思想家墨子曾提到："食必常饱，然后求美；衣必常暖，然后求丽；居必常安，然后求乐。"伴随着社会的进步与科学技术的高速发展，人民生活水平不断提高，物质产品极大丰富，人们已经不再局限于简单的温饱，对生活有了更高的追求，更多地追求高品质、有情调的生活方式；人们对产品的需求也不再单纯考虑其使用功能，而是更多地追求产品的"软价值"，这种"软价值"就是指产品通过造型与形态等要素来满足消费者的情感诉求，并向社会与市场表达出的产品自身的价值。

　　此外，产品市场供大于求，市场竞争日趋激烈，产品造型设计成为一种必然的市场竞争手段，使企业能通过产品造型来占领市场。产品造型设计除了要关注与研究产品的形态以外，还要掌握人机工程学、系统工程学、价值工程、品牌形象、市场营销等知识，从而使产品在市场上获得巨大的经济效益，如图 1-8 至图 1-10 所示。

图 1-8　音箱产品造型设计　　　　　　　图 1-9　办公座椅产品造型设计

　　如图 1-11 和图 1-12 所示的遥控器和电饭煲造型设计，都是基于外形、形态、材料、使用方式等要素进行综合系统化设计，从而使产品在市场上获得巨大成功。

图 1-10　交通产品造型设计

图 1-11　飞利浦遥控器造型设计　　　　　图 1-12　美的电饭煲造型设计

1.3　产品造型基础构成要素

产品造型是以工业产品为设计对象，在满足其工业品属性的前提下，创造出实用、美观、经济的产品，例如家具、生活用品、文化用品、家用电器、交通工具、制造设备等。这些人造物除了要保证实现产品的物质功能外，还要考虑产品与人相关的各个方面，也就是人的因素。要使产品能适应和满足人的生理、心理需求。因此，从现代设计的观点来看，产品造型必须满足人们的实用要求与审美要求，即产品要同时具备物质功能和精神功能。产品造型基础由功能要素、形态要素、结构要素、材料要素、色彩要素、人机要素组成，如图 1-13 所示。

功能要素

形态要素

结构要素

产品造型基础

材料要素

色彩要素

人机要素

图 1-13　产品造型基础构成要素

1.3.1　功能要素

产品的功能，是指产品通过与环境的相互作用而对人发挥的功效。产品是为了满足人们的某种需要而被进行设计与制造的，它的功能专指对人发挥的效用。

产品是供人使用的，功能是产品设计以及产品造型设计的第一要素，消费者购买产品就是为了购买其某种功能，例如人们购买手表是为了看时间、购买微波炉是为了加热食品、购买自行车是为了骑行。可见，以人的使用为目标的要素就是产品的功能要素。

产品的功能又分为使用功能与审美功能。使用功能就是指产品的实用功能，包括产品的使用方式、空间体积大小、界面的操作与识别性等；审美功能就是指产品要带给人美的感受，使人通过使用产品，得到精神愉悦的享受。

■　产品功能要素案例——名贵手表的功能分析

如图 1-14 所示为一款名贵手表的造型设计，该设计首先要符合产品的使用功能。清晰的刻度，使人能够迅速读出时间，同时具备多种实用功能，如不同时区的选择等。此外，在材质上选用名贵材料，色彩上进行黑白强烈对比，通过极强的视觉冲击力，使产品的轮廓清晰，形象更加生动，以此彰显出使用者的高贵气质，并满足其使用要求。

(1) 清晰的刻度，多功能的分区，使人能够快速准确读出信息。

(2) 造型简洁，色彩对比强烈，通过色彩对比，满足人们的使用要求。

(3) 材料选用高级材质，体现使用者高贵的品位。

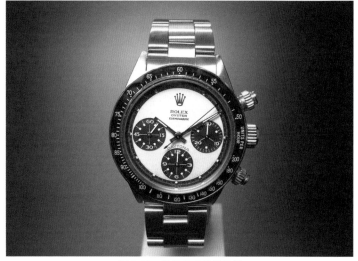

图 1-14　名贵手表造型设计

1.3.2　形态要素

在现代产品设计中，具体的设计方法有很多，但是都要以形态为主要要素去实现，以形态的表现去抒发设计师内心的情感，以体现并折射出隐藏在物质形态表象后面的产品精神。产品形态作为传递产品信息的第一要素，主要通过产品的尺度、形状、比例及层次关系对人的心理体验进行影响，从而使人产生不同的心理效应。

形态是产品造型的载体与表达方式，也是产品设计师设计思想的具体体现，更是实现产品所具有的实用功能和审美功能的唯一途径。设计师的一切天马行空的创意、设计观念最终要物化到产品形态上。产品设计潜在的功能和价值也只有通过具体形态才能为人们所感知，产品形态成为表达人们思想情感的物质手段，并在人与产品的行为系统中发挥重要作用，因此产品形态在产品造型设计中占有举足轻重的地位。

■　产品形态要素案例——明式圈椅的形态表达及内涵

如图 1-15 至图 1-18 所示为明式圈椅。圈椅是因其靠背的形状如圆圈而得其名，它更是明式家具中最具有文化品位的坐具，它的后背和扶手一顺而下，坐在上面不仅肘部有所寄托，腋下一段臂膀也能得到支撑。明式圈椅多用圆材，扶手一般都出头。圈椅的造型采用"方"与"圆"相结合，上圆下方，"圆"作为主旋律，象征着幸福圆满，"方"象征稳重正义，二者结合，更暗合我国"天圆地方"的古典哲学。

圈椅的造型与形态圆婉优美，体态丰满劲健，明式圈椅纹理清晰自然，注重线型变化，形成直线和曲线之间的对比，方和圆之间的对比，横与直之间的对比，体现着极强的曲线形式美。在整体视觉效果上清秀雅致、简洁大方，线条更是别具一格，犹如中国书法，将刚强之骨与淡雅之美相融一体。

图 1-15　明式圈椅

(1) 圈椅的造型采用"方"与"圆"相结合，上圆下方，"圆"作为主旋律，象征着幸福圆满，"方"象征稳重正义，二者结合，更暗合我国"天圆地方"的古典哲学。

(2) 表面纹理清晰自然，注重线型变化，形成直线和曲线之间的对比，方和圆之间的对比，横与直之间的对比，体现着极强的曲线形式美。

(3) 视觉效果上清秀雅致、简洁大方，线条更是别具一格。

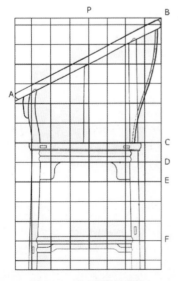
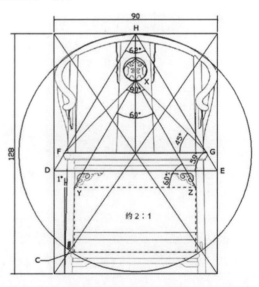

图 1-16　明式圈椅尺寸图 1　　　　　图 1-17　明式圈椅尺寸图 2

形态是产品造型基础的核心内容，在这里我们只是抛砖引玉，在第 2 章中将为大家进行更加详细的讲解。

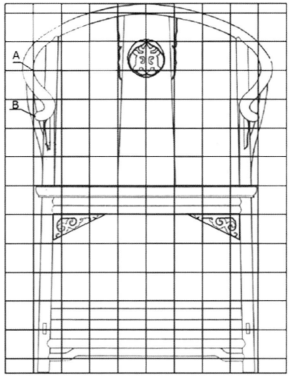

图 1-18　明式圈椅尺寸图 3

1.3.3　结构要素

产品中各种材料的相互联结和作用方式称为结构。产品的结构设计是产品设计中非常重要的一个环节，对整个产品设计是否合理起着重要的作用。产品结构设计对产品在模具制造、批量生产、节约成本等方面会产生重大的影响。

首先，一件易于制造和装配的产品必定可以节省生产时间，从而降低成本，这一点也成为结构设计中的首要考虑因素；其次，优秀的结构设计也有利于提高产品质量，提升产品品质，使产品具备更高的可靠性与安全性，因此在结构创新设计阶段必须充分考虑产品的制造和装配环节的易操作性。

总之，结构创新对于产品造型设计起到至关重要的作用。

(1) 结构创新能够改变并美化产品的造型与形态。

(2) 结构创新能够增加并优化产品的使用功能，为产品创新提供技术支持。

(3) 结构创新能够改善产品的人机界面。

(4) 结构创新能够使产品创造新的使用方式。如图 1-19 所示，外观简洁的手机造型，内部却是由多种结构组合而成，包括连接结构、机械结构等。

■ 产品结构要素案例——平板手机的结构演示

该手机平板造型的形态是由其内部结构决定的，所以产品的造型与形态是密切相关的，就像人的面部特征一样，是由内部骨骼所决定的，如图 1-20 所示。

图 1-19　手机外观造型

图 1-20　手机内部结构图

1.3.4　色彩要素

　　色彩在产品造型中的作用是多样化的，我们在前面讲到功能是产品存在的基础，而色彩可以辅助表达产品的功能性。在形态固定的前提下，不同的色彩设计将使同一形态的产品传达出不同的视觉效果。由于色彩与人的生理感知相联系，所以在产品设计中，合理的色彩搭配能够增强产品的视觉感染力，给人以新颖、舒适、安全、可靠的视觉感受；若使用不恰当的色彩搭配，会为使用者在生理和心理上带来不良的影响，如引起视觉疲劳、精神紧张和产生错觉等。因此在色彩的设计过程中，我们不仅要考虑色彩的艺术效果，还应重视色彩的视觉心理作用。

　　此外，色彩设计在产品研发中也占有重要的席位，越来越多的公司已经将其作为一项单独的技术研究，旨在提升产品品牌的整体竞争力。色彩、形态、材质有机地结合将创造出更大的产品附加值，满足不同人群的需求，因此色彩的作用不可忽视。

　　■　产品色彩要素案例 1——格力空调的色彩运用

　　空调可以使人在闷热的天气享受凉爽，所以它通常以高明度的冷色系为主，冷色系的搭配更有利于充分地诠释产品的功能；而格力空调在色彩上进行创新，大胆选用玫瑰色，使传统空调体现新的生命力，将传统的白色家电进行全面革新，从而引领了新的时尚，如图 1-21 和图 1-22 所示。

图 1-21　传统空调造型的色彩

图 1-22　格力空调造型的新色彩

　　(1) 传统空调以白色为主，视觉效果较为平淡，格力空调在色彩上进行创新。

　　(2) 大胆选用玫瑰色，不仅有喜庆的寓意，更符合中国人的审美追求。

　　如图 1-23 所示，同样是格力品牌推出的新品空调，但是是专为新婚人群设计的家用空调。在整体形态上模仿玫瑰花的造型，再配合玫瑰红，体现着浪漫爱情与喜庆欢快的吉祥寓意，色彩高贵、不落俗套，因此受到很多新婚家庭的青睐。

　　(1) 专为新婚家庭设计。

　　(2) 玫瑰花的造型，象征爱情的浪漫与幸福。

　　(3) 高雅的玫瑰红色，喜庆吉祥，符合中国人的审美需求。

■ 产品色彩要素案例 2——彩色家具设计

如图 1-24 所示，这款家具选用透明塑料一次成型，没有任何的连接结构，简洁大方，再配合不同的鲜艳色彩，使产品独具特色。

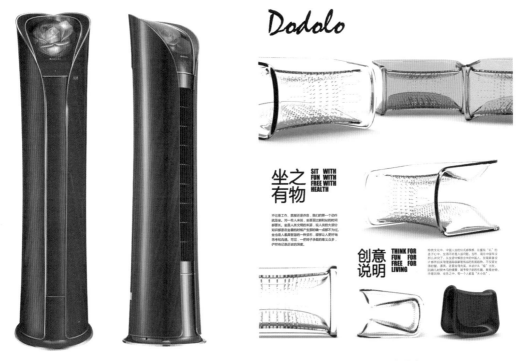

图 1-23　格力新品空调　　　　　　　　　　图 1-24　透明彩色的家具设计

(1) 透明材料的选用使颜色更加通透、明亮。

(2) 不同色彩的选用能使产品更加多样化，获得更多人群的喜爱。

1.3.5　人机要素

产品造型属于"物"的范畴，但要满足"人"的需求。如何解决"物"与人相关的各种功能的最优化，创造出与人的生理、心理机能相协调的"物"，这是人机工程学课程研究的重点，更是当今工业设计发展中针对功能进行探讨的重要内容。通常在考虑"物"时，直接由人使用或在操作部件的功能问题进行考虑，如产品中的信息显示装置、操纵控制装置和产品相关部件的形式、形状大小、颜色、材质选择及其布置范围的设计基准，都是以人机工程学提供的参数和要求作为设计依据的。通过对人机系统进行研究，从而研究人机对环境中各种物理、化学因素的反应和适应能力，分析声、光、热、振动、粉尘和有毒气体等环境因素对人体的生理、心理以及工作效率的影响程度，确定了人在生产和生活活动中所处的各种环境的舒适范围和安全限度。

■ 产品人机要素案例——跑步机的外观造型及人机要素设计分析

如图 1-25 至图 1-27 所示为跑步机的外观造型及整体设计，整体外观选用简洁的线条形式，造型要考虑到产品每个细节与使用者的关系，如产品尺度、结构、承重等多种要素，要使用户能够轻松、安全、舒适地使用产品。所以跑步机的设计要进行人机测试，需要利用模拟真人的使用环境进行数据分析，如人机尺度、机器承重、频率、机器耐磨程度、抗压性能等，从而使用户真正可以安全高效地操作产品。此外，跑步机的操控界面包含着许多虚拟形态，每一个图标、指示按键等都要传递正确的信息，使用户可以准确无误地操作机器，因此人机界面也是现代产品设计中重要的环节。

(1) 外观简洁、流畅，利用色彩进行功能区分，符合人的视觉习惯。

(2) 色彩区分使产品轻量化，给人轻松的视觉感，符合人的心理需求。

图 1-25　跑步机的外观设计

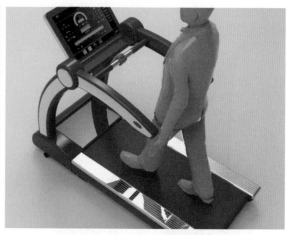

图 1-26　跑步机的人机测试

图 1-27　跑步机的人机界面设计

1.3.6　技术要素

　　产品造型设计是一项实体设计过程，必须要制造出实际产品，因此需要各项技术加工来完成。不同的材料与不同的结构都需要相应的技术加工，不同的材料有着不同的加工方法和成型工艺，而不同的加工工艺也将对产品的形态起到直接的影响。所以，我们要通过产品造型来反映出先进的加工技术，从而体现出时代的美感。

　　■　产品技术要素案例——不同时代的收音机形态对比

　　我国 20 世纪 50 年代早期的台式收音机外壳，采用的是人工夹板拼装工艺，产品形态只能是以直线大平面为主，以长方体为主要形体，造型相对呆板生硬。由于塑料的出现和注塑技术的发展成熟，现代收音机壳体材料和成型工艺得到了彻底的改变，使产品的形态由以前单一的直线和平面形态发展到当前的各种曲线、曲面互为组合，产生丰富多彩的造型形态，如图 1-28 和图 1-29 所示。

　　(1) 由于技术的限制，以前多采用平面造型，相对呆板生硬。

　　(2) 加工技术的进步，材料的变化，使产品造型更加丰富多彩。

　　(3) 多种曲面形态促使产品造型语言更加丰富细腻，并有极强的潮流感。

图 1-28　老式收音机的形态设计

图 1-29　飞利浦收音机的形态设计

1.4　产品造型设计的价值

　　产品造型设计是一项凝聚人类智慧的创造性活动，是将创意火花不断物化的过程，其成果更是对人类的生活产生重要的影响。社会与科技的发展，体现在人们物质文明和精神文明的进步，科学技术和艺术结合而推动产品造型设计的发展，产品造型设计也随着社会文明的不断提高，渗透到人们生活的方方面面。

　　产品造型设计活动和实践是一项严密的系统过程，并形成了极高的价值体系系统，其可以分为实用价值、美学价值、经济价值、人文价值和情感价值，如图 1-30 所示。

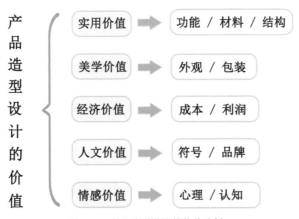

图 1-30　产品造型设计的价值分析

1.4.1　产品造型设计的实用价值

1. 产品造型与功能

　　物质都是以特定的形态存在的，那些对主体来说具有某种价值的物质往往都是具有实际功能的，造型与形态就是使物质发挥功能的重要方面。对于产品造型设计而言，实用功能是产品设计程序中的第一要素。产品不同于艺术品，产品存在的目的就是供人们使用，为了满足人们的使用要求，产品的造型与形态设计必定要依附于对某种机能的发挥和符合人们实际操作等要求，因此，产品的实用功能要素是决定产品形态的关键，造型必须要符合产品功能的诉求。

我们可以这样理解，产品造型设计不是单纯意识形态的概念和抽象的艺术表现问题，它是用艺术的形式与手段去充分发挥和体现产品的功能特点及其科学性和先进性，是现代的科学与艺术的有机结合。因此，产品造型设计，首先必须有先进的科学技术、结构、材料、工艺等物质条件才能实现产品的功能目的，从而符合性能可靠、技术先进、使用方便和经济合理的要求，如图1-31所示。

决定

功能 ➡ 形式

图 1-31 功能决定形式

产品的造型实际上就是指产品的形式，产品的形式与功能是一个相对的范畴，形式与功能又是密切相关联的。古希腊学者提出"美善同体"，而中国的思想家荀子也曾提出"美善相乐"的思想，这也正体现了功能与形式统一的关系。一个合理表达了内在功能和结构的形式应当是一个科学合理的形式，合理的功能形式必定是一个好的形式，也正体现了"善"的思想，即能营造和谐的使用环境，同时这也正和现代主义提倡的功能与形式相统一的原则相吻合。

回顾世界设计史，从沙利文提出的"形式追随功能"到现在的"设计以人为本"，本质上都是一脉相承的。前面讲到产品的功能可分为实用功能和审美功能，一个产品存在的最终目的是供人使用，产品的形态设计必然是以满足产品的基本实用功能为前提的。随着设计的发展，功能的含义也在延伸和发展，功能的内涵包括基本的实用功能，审美功能，满足人们的精神、心理需求等。功能应理解为一个从内到外、从功效价值到审美价值的整体，在最终产品设计活动中，仍是追寻"形式追随功能"的思想。

在产品设计中，产品造型与形态美是从功效技术中产生发展而来的，是建立在产品实用和目的性基础上的美，因此造型与形态美本身就是功能与结构的一种反映。在知识经济爆炸的时代，产品造型与形态设计通过各种表达方式进行发展，其精确传达出的人性化信息，成为人与产品的沟通纽带，使人与产品之间的交流朝向更加互动的方向发展。在设计过程中，造型与形态功能的服务性、引导性、启发性设计成为提高效率、实现产品功能追求的关键。

◆ 产品造型与功能案例1——多功能的座椅设计与分析

如图1-32所示，这款座椅是在由中央美术学院举办的"为坐而设计"大赛中获奖的作品，该款座椅整体采用了球型环绕的形态，形体饱满而富有张力，仿佛一朵盛开的花朵，绽放生命的力量。座椅中心的坐垫选用浅黄色的织物坐垫，犹如花蕊的形态，更加吸引人的注意力。设计者非常巧妙地将座椅圆形环绕的周边设计成存放书籍的隔栅，既满足了坐的功能，又满足了读书与存放书籍的功能，可谓一举多得。

图 1-32 座椅设计

（1）座椅形体饱满而富有张力，仿佛一朵盛开的花朵，绽放生命的力量。

（2）色彩对比强烈，视觉效果醒目。

（3）既满足坐的功能，又满足了读书与存放书籍的功能，巧妙地将多种功能融于一体，体现出功能至上的核心设计思想。

■ 产品造型与功能案例 2——方形卷纸的设计与分析

如图 1-33 至图 1-35 所示为我们每天都会用到的卷纸，日本的设计师非常巧妙地将卷纸中心的圆轴截面改为正方形，用方形纸管做纸卷芯，由于内芯是方形的，上面的纸也卷成了方形的。放在纸架上被拉出来使用时，方纸卷会费劲地发出"咔哒咔哒"声，而传统的圆纸卷转起来则轻松顺畅。所以，传统设计的圆纸卷被拉出来的纸一般比实际需要的多，而方纸卷则由于阻力，起到了降低资源消耗的作用，并传递了节省的信息；在包装上也是，圆纸卷间隙较大，方纸卷能紧靠在一起，从而达到了节省运输和储存空间的目的。

可见，细小的形状改变使卷纸从内到外发生形态改变，从而起到节约用纸与节约空间的双重功效，所以造型的变化是为功能所服务的。

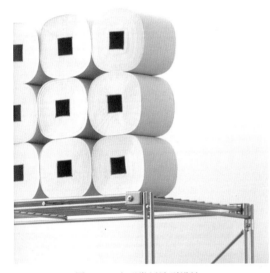

图 1-33　方形卷纸造型设计 1

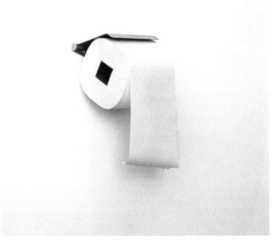

图 1-34　方形卷纸造型设计 2

（1）方形纸卷由于阻力，起到了降低资源消耗的作用。

（2）方形纸卷在被拉动过程中传递了节省的信息。

（3）在包装上，圆纸卷间隙较大，方纸卷能紧靠在一起，节省了运输和储存空间，同时摆放也更加稳定。

图 1-35　内部结构与外部造型改变都要为功能服务

2. 产品造型与结构

前面章节中讲到功能是产品设计的目的，而结构正是产品功能的承担者。产品结构决定产品功能的实现，没有结构，功能就无从谈起。不仅如此，结构也是形式的承担者。

产品结构设计是指设计师为了完成产品的功能属性，要针对产品内部结构、机械部分进行设计。

结构设计是整个产品系统设计过程中一个至关重要的部分，它与产品设计及构成产品的各种要素有着千丝万缕的联系，直接影响到产品设计中的功能、形态等基本要素的形成，同时产品的造型与形态又要通过结构来表达。不仅如此，结构创新对材料与工艺也有直接的影响，一个产品的结构直接影响着这个产品应该以何种材料被制造，同时也决定了该产品的加工工艺。因此通过结构的设计才能确定最适合的材料和加工工艺，不同的材料与工艺就会产生不同的形态，因此内部结构最终影响产品外部的形态。

作为一名优秀的产品造型设计师，在设计产品造型时，既要考虑一系列内部构造，如连接件等，来使产品发挥出使用功能；又要考虑到产品结构的合理性，使产品外观达到美观的效果。产品既要安全耐用、性能优良，又要降低成本、易于制造。所以，设计师应具有全方位和多维度的空间想象力，而且还应具有跨领域的协调整合能力，要使产品外部形态与产品内部结构紧密相连。

■ 产品造型与结构案例 1——巴塞罗那椅的设计与分析

巴塞罗那椅是由路德维希·密斯·凡·德罗设计的，他是 20 世纪杰出的设计师之一。他为现代家具的发展做出了杰出的贡献，特别是他提出"少即是多"的设计理念，成为主流设计思想。巴塞罗那椅是在 1929 年的巴塞罗那世博会上展出的经典作品，被视为 20 世纪经典的椅子之一。

巴塞罗那椅将亮面的不锈钢和柔软的皮革完美结合在一起，让空间充满了时代感。其实密斯设计的这把椅子的雏形最早被用在捷克城市布尔诺（Brno）的图根哈特住宅（Villa Tugendhat）中，这把椅子是一个逐步发展出来的成果。密斯早先将其设计成钢片结构，是用铆钉连接起来的，1950 年重新设计，才是我们现在看到的这种不锈钢无缝的结构，在重新设计的时候采用了现在常见的波文涅黑色皮革，如图 1-36 和图 1-37 所示。

(1) X 型不锈钢无缝一体成形结构，省去连接件。

(2) X 造型达到极简效果，同时起到支撑的作用。

图 1-36 巴塞罗那椅 1

图 1-37 巴塞罗那椅 2

■ 产品造型与结构案例 2——塑料模块化结构设计

如图 1-38 展示的是家具的创新连接结构。采用塑料一体化通用结构，连接家具各个部件，省去烦琐的加工工艺，方便拆卸和安装，便于运输并节约空间。可见一个优秀的结构设计可以对产品造型设计的发展起到重要的作用。

(1) 采用塑料一体化成形。

(2) 模块化设计，可以应用于多款产品。

(3) 方便拆卸，便于运输。

■■　产品造型与结构案例 3——可变换形态的灯具设计与分析

如图 1-39 至图 1-41 所示的灯具设计，采用转折面的结构设计，通过折面的旋转，可以使每一个模块相应地进行变化，从而得到多种形态。从这个案例中，我们可以看出产品结构对造型的作用。

任何产品都是由不同的部件通过结构组织在一起的，产品结构既有内部结构，又有外部结构，任何产品部件的造型也往往起到结构的作用。

如图 1-42 所示为一款摩托车造型设计，该设计由上百个零件组成，每个零件与结构件都起到对形体支撑与美化外观的作用，任何结构也可以选用不同材料来完成，例如塑料、金属或者其他材料。而图 1-43 所示为木材插接结构的示意图。

图 1-38　家具模块化连接结构

图 1-39　可变换形态的灯具设计 1

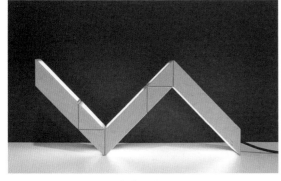

图 1-40　可变换形态的灯具设计 2

图 1-41　可变换形态的灯具设计 3

图 1-42　摩托车的造型与结构

图 1-43　木材插接结构

3. 产品造型与材料

材料是产品造型与形态设计的物质基础，也是完成人与产品进行感情交流的媒介。设计师要赋予材料以人文含义和组合特性，并将其运用到产品造型与形态设计中，使产品通过材料的表现完成其功能属性，最终体现出独特的艺术表现力，如图 1-44 至图 1-49 所示。

▣ 产品造型与材料案例 1——不锈钢产品设计

如图 1-44 所示是一款不锈钢产品设计。运用不锈钢材料，使原本软质的物体呈现出硬朗的形态效果，巧妙地利用不锈钢材料的表面特性，再进行表面处理，呈现出亮丽的表面效果。

(1) 运用不锈钢材料，使原本软质的物体呈现出硬朗的形态效果。

(2) 巧妙地利用不锈钢材料的特性，再进行表面处理，呈现出亮丽的表面效果。

▣ 产品造型与材料案例 2——树脂艺术灯具设计与分析

如图 1-45 至图 1-48 所示，这款灯具选用树脂材料进行浇注，形成透明的视觉效果。再通过制作岩石的肌理效果与其形成对比，产生平面与起伏的反差，富有视觉冲击力。并用抽象形态表现两条游动的鱼儿，使整体产品更加富有情趣。

图 1-44　金属质感的产品造型

图 1-45　树脂艺术灯具造型设计 1　　　　　　图 1-46　树脂艺术灯具造型设计 2

(1) 用树脂材料进行浇注，形成透明的视觉效果。

(2) 制作岩石的肌理效果与其形成对比，产生平面与起伏的反差，富有视觉冲击力。

(3) 在构图形式上，选用平衡原理，使整体形态更加和谐。

如图 1-49 所示为木材家具的细节设计。在桌腿部位，利用木材的特性进行切削加工，使其在造型上呈现出旋转面的变化，每一条线与面都被赋予了表情，从而体现出产品的细节之美。

图 1-47　构图与形式分析 1

图 1-48　构图与形式分析 2

图 1-49　木制的产品造型

(1) 利用木材的特性，方便加工。

(2) 造型上呈现出旋转面的变化。

(3) 每一条线与面都被赋予了表情，从而体现出产品的细节之美。

1.4.2　产品造型设计的美学价值

1. 产品造型与外观

产品的外观犹如产品的外貌与形体，能给消费者第一视觉印象，是吸引消费者最直观的因素，产品的外观会直接影响产品在消费者心目中的印象。产品的外观要通过产品造型得以体现，包含形态、色彩、材质、肌理等要素。产品的造型与形态都会对应人的审美感官系统，最终呈现出特殊性质，体现出人对形态的认知。如消费者通过触觉、视觉、听觉、嗅觉等感官系统，接收产品造型信息，感受产品造型本身所呈现出来的感觉特征，如硬朗、精细、优雅、成熟、动感、自然地流动等特征，所以说造型是产品外观的最直接的表达方式。

■ 产品造型与外观案例 1——"树枝椅"的设计与分析

如图 1-50 和图 1-51 中，这款座椅仿佛一棵生长的小树，长开枝芽，并可以散发柔和的光线，使"坐"产生了情趣。

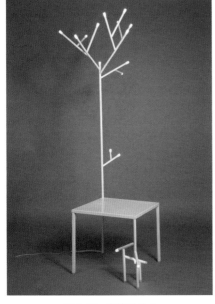

图 1-50　座椅设计 1

图 1-51　座椅设计 2

（1）树的生长形态，使座椅外观充满情趣。

（2）在树芽位置巧妙地布置 LED 灯光，光线柔和，并可以满足人们对光线的需求。

▇ 产品造型与外观案例 2——产品外部形态设计

如图 1-52 所示，产品的外部形态通过扭转，形成富有规律的造型。

（1）通过扭转，形态产生变化。

（2）选用渐变色彩，使视觉效果更加突出。

2. 产品造型与包装

产品包装仿佛是产品的外衣，其创造者是设计师，接受者则为实际的消费者。产品包装在市场中应用的成功与否，其最终要考量的当属产品是否得到消费者的认可和购买。而产品造型对信息传达起到搭建桥梁的作用，可见产品造型是信息传达不可替代的重要媒介。

在包装设计中，造型往往具有先声夺人的力量，它一经与色彩等要素相结合，便具有极强的感情色彩和表现特征。产品造型设计从形态、色彩、材质等要素进行变化，通过对这些要素进行合理、有效地整合，使产品的包装更加成熟和完整，使包装在保护产品的同时，以最直观、最美化的视觉效果吸引消费者，从而引导消费者的选择方向。因此，造型作为视觉审美的核心，

图 1-52 产品外观造型

深刻地影响着人们的视觉感受，由此使人产生丰富的经验联想和生理联想，从而影响消费者对产品的选择。

▇ 产品造型与包装案例——饮品包装的设计与分析

如图 1-53 至图 1-57 所示，图中多款饮品包装都选用水果造型进行包装设计，色彩鲜艳，造型生动有趣，使人通过外观造型就可以判断出包装内的饮品口味，同时手捧着这款饮品，使人感觉不到这是冷冰冰的包装，而仿佛是手中捧着新鲜的水果一般。创意巧妙，造型生动，为包装赋予了新的生命。

图 1-53 水果造型饮品包装设计 1

图 1-54 水果造型饮品包装设计 2

图 1-55　水果造型饮品包装设计 3

图 1-56　水果造型饮品包装设计 4

图 1-57　水果造型饮品包装设计 5

(1) 选用水果的造型设计产品包装，直接暗示出产品特性。

(2) 造型高度概括产品内容，生动而富有美感。

1.4.3　产品造型设计的经济价值

1. 造型与产品成本

设计是生产力，设计更是经济效益。消费者多元化的需求向产品造型设计提出了更高的要求。随着社会的发展，技术的进步，社会生活的日益丰富与生活情趣的多元化，企业要不断地为消费者提供更多的新颖商品。

产品全球化的竞争迫使企业越来越重视产品造型设计。产品的造型不是单凭设计师脑海中天马行空的想象即可完成的，产品设计的实施过程是从图纸方案到加工制作的过程，每一个环节都要受到加工技术的约束，受到经济因素的考量，例如材料的成本、加工技术的条件、加工时间的周期、运输等因素。产品造型要最大化地体现出经济的合理性，合理的造型可以节约成本与资源。

2. 造型与经济效益

产品，是指能够提供给市场，被人们使用和消费的，并能满足人们某种需求的物质。产品造型设计是设计、生产与消费的过程。经济因素在每个阶段都发挥着重要的作用。产品造型设计就是从设计到生产，再到消费的全过程。设计是先导，从构思到草图，从计划到实施，设计创造生产和消费；生产是媒介，是从构思到加工的转化，从抽象到具象的转化；消费是检验，只有通过消费，才能检验出设计的成功与否。设计、生产与消费是环环相扣并互相促进的整体。产品造型是产品设计物化的结果，而结果只有通过消费才能创造出经济价值。

工业化背景下大批量生产的产品，其服务对象是消费者。生产者大批量生产的目的，除了要满足人们的生活需求、实现产品价值外，还要将它们尽可能多地售出，以获得利润。因此，产品造型需要有利于大批量生产，而且要满足大多数消费者的审美需求，才能带动消费，这是获得利润的前提。

可见，产品造型必须为生产者带来经济利益，也就是说要用最少的投入换来最大的效益，这就要求以满足市场的目的性作为经济价值标准，这种目的性是通过市场的检验来体现的。因此，产品造型必定在各个方面都要符合消费者以及市场的需求，例如造型新颖、形态可爱、价格合理、使用便捷等，只有符合消费者和市场的需求，产品才能获得经济效益，如图 1-58 所示。

图 1-58　产品造型的经济效益

1.4.4　产品造型设计的人文价值

1. 产品造型与语意

产品是以其造型因素，如尺寸大小、形式、色彩、形态等作为传达信息的语言与符号的。产品的造型形象从直观性上来讲，与艺术语言是相同的。产品造型作为语意传达的重要手段，其表达方式具有内在性。也就是说，产品造型可以通过隐喻或者象征的手法使人理解产品的内涵，而不需要文字或图像表达。通过产品造型传达语意，从而展示出产品的价值。

　　产品造型与语意案例 1——投影仪设计中的语意指示

如图 1-59 所示的投影仪外观设计，每一个按键和操控开关都要具有指示含义，不需要任何文字说明，就要让用户可以准确地操作，所以设计师要运用形态、颜色、起伏变化等要素来进行设计，使产品传递出正确的信息。投影仪器上的按键选用黄颜色边框，又利用大小区分，巧妙进行布局，操控界面也选用方形形式，以此进行功能区分，十分醒目。

图 1-59　产品造型的语意传达

(1) 按键与开关的形态变化。

(2) 按键与开关的色彩变化。

(3) 按键与开关的布局形式。

如图 1-60 所示为北京洛可可设计公司设计的"上上签"牙签盒，造型简洁，设计师巧妙地将底部利用内盒的红色与壳体黑色进行对比，反衬出"天坛"的形象，又犹如"官帽"的形态，通过推动红色的"官帽"，体现出"上上"的寓意，可以理解为上升、上进、高升，所以这款小产品不仅体现着中国传统文化的意境，更体现着美好向上的吉祥寓意，令人爱不释手。

图 1-60　"上上签"牙签盒设计

(1) 利用内盒的红色与壳体的黑色进行对比，反衬出"天坛"的形象。

(2) 其造型犹如"官帽"的形态，不仅体现着中国传统文化的意境，更体现着美好向上的吉祥寓意，令人爱不释手。

(3) 整体形态简洁大方。

2. 造型与产品品牌

当今全球经济一体化带来了社会科技等各方面的迅猛发展，同时也对企业生存和发展提出了巨大的挑战。在激烈的市场竞争中，行业之间信息共享迅速，企业产品之间的差异化越来越小，产品同质化的现象日趋严重。面对这样的局面，积极推进品牌战略，培育竞争新优势，已成为企业生存和持续发展的重要途径。

品牌的成长阶段也体现出消费者的一个体验阶段，就品牌体验的整个过程来看，消费者感受、认知品牌概念和企业价值文化等都要通过产品造型来实现。产品的造型、形态、材料、色彩等是用来构筑品牌个性识别特征的关键所在。企业通过生产与制造产品，使产品能够满足消费者的使用，同时产品又将自身的形态知觉深深印在用户脑海里，不仅能得到消费者的认可和接纳，更成为传递企业品牌形象的载体。

◼ 造型与产品品牌案例——捷豹汽车造型与品牌发展

捷豹 (Jaguar) 是英国知名汽车品牌，商标为一只正在跳跃前扑的"美洲豹"雕塑，矫健勇猛，形神兼备，具有时代感与视觉冲击力，它既代表了公司的名称，又表现出向前奔驰的力量与速度，象征该车如美洲豹一样驰骋于世界各地，如图 1-61 所示。在图 1-62 中，我们可以清晰地看到其标志从平面线稿到立体形态的演变过程，简洁的线条、张扬的体态、造型生动、形象简练、动感强烈，蕴含着力量、节奏与勇猛，也象征该车强劲的动力和非凡的速度。这只"美洲豹"，以其雄姿倾倒众多车迷，受到车迷们的特殊宠爱和青睐，更成为全世界爱车一族向往和引以为荣的理想汽车品牌之一，如图 1-63 所示。

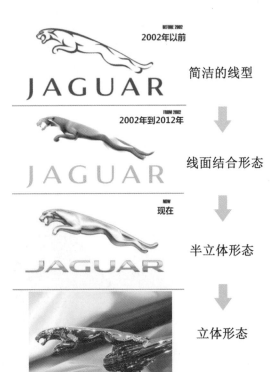

简洁的线型

线面结合形态

半立体形态

立体形态

图 1-61　捷豹汽车立体标志造型

图 1-62　捷豹汽车标志造型演变过程及分析

图 1-63　捷豹汽车的外观

1.4.5　产品造型设计的情感价值

1. 产品造型与人的情感

　　情感是指人对周围和自身以及对自己行为的态度，它是人对客观事物的一种特殊反映形式，是主体对外界刺激给予肯定或否定的心理反应，也是对客观事物是否符合自己需求的态度和体验，是人们心理活动的重要内容。《心理学大辞典》中认为："情感是人对客观事物是否满足自身的需求而产生的态度体验。"情感是人与生俱来的产物，人们希望在设计活动中将自身的感情赋予产品，使其能够作为人类情感的载体。

　　进入 21 世纪以来，人们对产品的要求不仅体现在满足使用功能和欣赏产品基本形态上，而是更进一步地体现为用户体验和用户情感。未来要想创造一款感动用户的好产品，必须要注重消费者的情感需求和产品的情感表达。如今我们面临的挑战是将越来越强大的数字化加工技术与人们生活中更为高品质、高要求的情感进行对应，使它符合人们更为健康的生活要求。

产品造型要体现出一种情感，就要重视用户的感受与体验，要从原先满足人们的单纯物质享受延伸到包括心理、精神、价值层面的内涵，最终要不由自主地融入消费者的生活中，不仅能增加产品自身的感染力，更能拉近设计师和消费者之间的心理距离。因此造型成为产品传达情感的载体，要考虑用户的心理感受，要为用户提供情感与心理上的温暖，具有情感的造型不仅更加具有吸引力和生命力，而且更能建立人与物的和谐关系。

🔹 产品造型与人的情感案例——女性手机形态设计分析

如图 1-64 所示为日本设计师专为年轻女性设计的手机，当时市场上的手机都是方方正正的造型，很少有适合女性使用的手机，这款手机造型像果冻一般，圆润的形态与轻柔透亮的色彩，体现着一种青春的气息，同时手感非常舒适，令人感到温柔与细腻，很受女性消费者的喜爱。

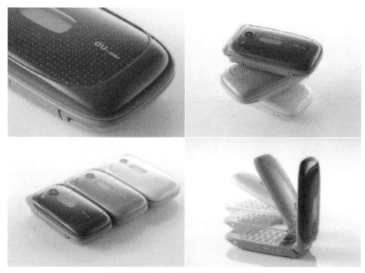

图 1-64　体现情感的手机造型设计

(1) 圆润的形态，不仅手感舒适，更给人以亲切的感受。

(2) 选用轻柔、透亮的色彩，活泼又不失高雅，体现着一种青春的气息和高端的形象。

(3) 温和的形态和巧妙的色彩，符合女性消费者的心理需求，受到女性消费者的喜爱。

2. 造型与人的认知

认知心理学（Cognitive Psychology）主要研究人是如何感知、学习、记忆和思考问题的。认知心理学者研究人们如何感知不同的物体形状，研究人们为什么记住了一些事、却忘了其他事等。

人们通过认知过程，将客观世界中的形态映射到脑中，形成主观感受。例如自然界中水的形态：同样是水，安静湖面里的水通过平整、晶莹的形态传达出平和、安逸的特质，从而让人联想到世界的欢乐祥和之景象；泛着涟漪的水塘里的水，通过浅浅的波纹形态传达出萌动不安的特征，让人联想到朦朦胧胧的爱意；波涛汹涌的大海，则通过动感的形态传达出动荡不安的特质，这样的基于特质情感的联想，将客观的形态赋予了主观的感性要素，这就是形态的认知过程。

🔹 造型与人的认知案例——尼康相机的造型设计与分析

如图 1-65 和图 1-66 所示为尼康相机的平面品牌设计，选用黄色的背景与黑色的字体，具有很强的视觉冲击力。在产品形态设计上，也选用圆润的曲面形态，不仅手感舒适，更体现出品牌的专业性与传承性。相机整体色彩选用黑色，体现产品的专业性。大家一看到黑色的相机，就知道这是专业高端相机。因此在实际设计活动中，企业品牌形象会直接影响产品的形态，设计师在创造产品形态时更需要考虑企业品牌的可识别性以及基本形态的可延续性。

图 1-65 尼康相机品牌标识设计   图 1-66 尼康相机造型设计

1.5 本章总结与思考

1.5.1 本章总结

通过本章的学习，我们首先要理解造型的含义以及其在不同领域的作用，其次要掌握产品造型的概念和作用。我们要知道产品造型是以工业产品为设计对象，在满足其工业品属性的前提下，凭借设计师的创造力与独有的艺术表现手段，设计出实用、美观、经济的产品，产品造型必须满足人们的实用要求与审美要求，即产品要同时具备物质功能和精神功能。产品造型基础由功能要素、形态要素、结构要素、材料要素、色彩要素、人机要素组成，其又具备使用价值、美学价值、经济价值、人文价值和情感价值。产品造型设计是一项严密的设计体系，要与多学科知识相融合，以此创造出合理、优秀的产品造型。

1.5.2 思考题

(1) 如何理解造型的概念？

(2) 如何理解造型概念与设计的关系？

(3) 如何理解产品造型的定义？

(4) 产品造型包含哪些基础要素？

(5) 产品造型实践活动具备哪些价值？

(6) 举例说明产品造型的使用价值。

(7) 举例说明产品造型的情感价值。

(8) 如何将产品造型的各种价值形成统一体系？请举例说明。

《第2章》
产品造型中的形态基础

2.1 形态的认知

2.1.1 形态的定义

  "形态"一词，由"形"和"态"两个汉字组成。"形"字是指事物的形象或表现，也指生物体外部的形状，是空间尺度概念；"态"字是指"状态"，表示发生着什么。"形态"作为中心词，已被很多不同层次和门类的学科所应用，例如植物学、生物学、医学、数学、文学、社会学、艺术学与设计学等，我们本书所讲的"形态"是指艺术设计学范畴中的形态概念。

  在《现代汉语词典》中，"形态"是指事物的形状或表现，也指生物体外部的形状。形态是指物体的外部"外形"与内部"神态"的结合。在我国古代，对形态的含义就有了一定的论述，如"内心之动，形状于外""形者神之质，神者形之用"等描述，都生动地指出了"形"与"神"之间相辅相成的辩证关系。"形"离不开"神"的传达，"神"也离不开"形"的支撑，无形而神则失，无神而形则晦，"形"与"神"之间不可分割，相得益彰。可见，形态要获得美感，除了要具有精美的外形，还需要具备一种与之相匹配的"精神势态"，即达到"形神兼备"的艺术效果，如图 2-1 所示。

图 2-1　形态的内涵

  我们再放眼宇宙，宇宙是由物质构成的，那么任何物质都包含时、形和态三种属性：物质在某时间尺度与某空间尺度中发生着变化，可见物质的这三种属性以其固有的逻辑相互关联。自然界中的物体是包罗万象、五光十色的，凡是我们的眼睛能够看到并且能够触摸到的物体，都是具有形态的。艺术家或设计师根据自己的阅历与审美经验，对物质进行再创造，形态正是创造的对象与创造物的表达方式，如图 2-2 所示。

图 2-2　形态的内涵属性

2.1.2 形态的相关概念

形态的定义我们已经讲过，形态的生成是与相关概念有紧密联系的。与形态相关的概念还有形状、形体、形象。它们之间又有何区别，有何联系呢？下面进行详细的分析与解读。

1. 形状

形状是指物体或图形由外部的线条或面构成的外表，表示特定事物或物质的一种存在或表现形式。例如长方形、正方形、三角形、圆形、多边形、不规则图形等。它是一个纯粹的集合概念，其构成要素是点、线、面在视觉上呈现出稳定的视觉效果，形状一般呈平面图形。例如，严格定义的几何图形、图案、图形符号、图标以及一些不规则的图形等都属于形状。它们具有轮廓边界清晰，呈平面化特征，可以具备指示含义，也可以不具备任何特殊意义，仅作为图形存在，如图 2-3 至图 2-5 所示为各种形状的图例。

图 2-3　简单的平面形状	图 2-4　具有商业价值的平面标志形状 1	图 2-5　具有商业价值的平面标志形状 2

2. 形体

形体是指形状和结构，也可以理解为将形状赋予结构支撑，从而构成形体特征。平面形状通过纵向或横向的运动，使平面的形状转换成体块，也称之为形体，如几何形体、三维形体等，如图 2-6 所示。

图 2-6　各种几何形体

3. 形态

前面已经讲解过，"形态"包含了两层含义，"形"通常是指一个物体的外形或形状，如我们通常讲到的正方形、三角形、几何形等。而"态"则是指物体所体现出来的神态或者精神势态，这是通过对物体进行变化，如利用旋转、扭曲、夸张、柔和等不同手法，对原有物体塑造出新的形态特征，体现出一种新的精神势态。"形态"就是指物体的外形与内部精神势态的结合，也就是形状、结构、神态的集合。如图 2-7 和图 2-8 所示的产品通过设计产生变化，具备了一种精神与态势。

4. 形象

形象是指能引起人的思想或情感活动的具体形状或姿态。从心理学的角度来看，形象就是人们通过视觉、听觉、触觉、味觉等各种感觉器官在大脑中形成的关于某种事物的整体印象，简言之是知觉，即各种感觉的集合再现。有一点认识非常重要：形象不单是指事物本身，也包括人们对客观事物的主观感知，不同的人对同一事物的感知不会完全相同，因而其正确性受到人的意识和认知过程的影响。由于人的意识具有主观能动性，因此事物在人们头脑中形成的不同形象会对人的行为产生不同的影响。

　　　　形象的案例——图解形象的概念

如图 2-9 所示，维纳斯雕像残缺的双臂使人充满想象，反而形成一种缺憾美。

如图 2-10 所示，正方体本身可以体现一种稳定感，但是由于每个人对同一事物都会有不同的感受，所以同一个正方体展现在不同人的眼前，会给人带来不同的印象。有的人认为这样的形态代表方正、稳重；有的人会感觉这样的形态代表坚实；也有的人会认为这样的形态代表沉重、墨守成规、普通等含义。

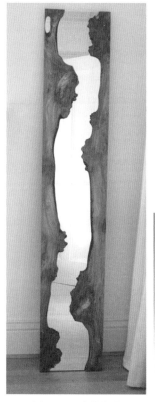

图 2-7　形态的塑造

图 2-8　紫砂壶形态的塑造

图 2-9　维纳斯雕像通过形态传达形象

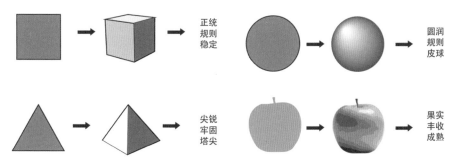

图 2-10　形态体现不同形象

2.1.3 形态的生成

通过以上概念的讲解，我们可以了解，形态是从平面形状转换成立体形体，再通过设计的手段，塑造出新的立体形态，最终体现一种形象。

■ 形态的案例——图解形态的生成过程

如图 2-11 所示，从长方形的平面形状转化成立方体，再通过局部切割成小的体块，重新组合，形成新的形态，体现一种动态形象。

如图 2-12 所示为苹果品牌的标志，从苹果的平面图形进行演变，通过变化，形成新的形态，体现一种创新、突破、敢于挑战的形象。

所以我们可以看出，形态是从平面形状转换成立体形体，再通过设计的手段，塑造出新的立体形态，最终体现一种形象，如图 2-13 所示。

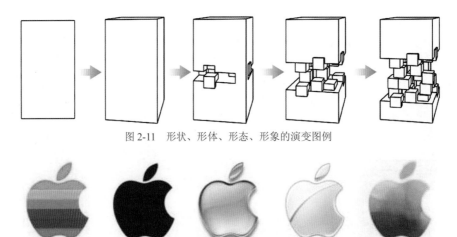

图 2-11 形状、形体、形态、形象的演变图例

图 2-12 苹果标志从形态塑造到形象传播的发展过程

图 2-13 形状、形体、形态、形象演变关系

2.2 形态的固有属性

2.2.1 力感

力感是一个抽象的概念，它是指一个物体应该表达的活力、生机、热情等心理感受。好的立体形态要充分体现力感，体现出视觉张力。

■ 体现力感的案例——立体形态分析

如图 2-14 所示，图中的立体形态是利用吸铁石的造型，在弯曲的形态中形成一种张力，配合金属材料，体现一种极强的力感。

2.2.2 量感

量感是指视觉或触觉对各种物体的规模、程度、速度等方面的感觉，对于物体的大小、多少、长短、粗细、方圆、厚薄、轻重、快慢、松紧等量态的感性认识。它是造型艺术中构图处理法则和构思过程中非常重要的因素，其具体到形态尺度的大小、效果以及形态要素的选择等。可以说造型艺术中的形式感很多与量感因素是密切相关的，如疏密、对称、均衡或偏斜序列的设计。

图 2-14 体现力感的形态设计

■ 体现量感的案例——家具设计

如图 2-15 所示的家具设计，在整体形态中可以分割出新的功能，在尺度和规格上都要符合量感的要求。

图 2-15 体现量感的家具设计

2.2.3 动感

动感是指立体形态体现出的运动效果，是相对于静止而言的，动感可以使形态更加灵动、活泼，充满生机。

■ 体现动感的案例——艺术餐具设计

如图 2-16 所示的餐具设计，利用静止的材料模仿溅起水花的动感形态，使产品产生运动感，静中有动，形态灵动、活泼，富有很强的视觉冲击力。

图 2-16 体现动感的餐具设计

2.2.4　空间感

空间是与时间相对的一种物质客观存在形式，可通过长度、宽度、高度、大小表现出来。通常指四方（方向）上下。

■　体现空间感的图例——立体形态造型设计

如图2-17所示的立体形态，由长度、宽度、高度、大小等要素进行表现，同时利用正空间与负空间结合，产生交错的空间感。

2.2.5　质感

质感是物体通过表面呈现、材料材质和几何尺寸传递给人的视觉和触觉对这个物体的感官判断。在立体造型活动中，对不同物体用不同材料以及材料表面处理所体现出的表面特性称为质感。不同的物体其表面的自然特质不同，如水、岩石、竹木等表面质感都不相同；而经过人工处理的表面特征则称人工质感，如砖、陶瓷、玻璃、布、塑胶等。不同的质感给人以软硬、虚实、滑涩、韧脆、透明与浑浊等多种感觉。其实质感在绘画造

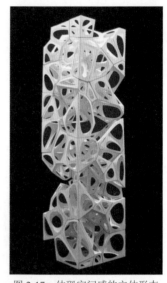

图2-17　体现空间感的立体形态

型艺术中也有体现，中国画以笔墨技巧，如人物画的十八描法、山水画的各种皴法为表现物象质感的非常有效的手段；而油画则因其画种的不同，表现质感的方法亦很相异，以或薄或厚的笔触，表现光影、色泽、肌理、质地等质感因素，追求逼真的效果；雕塑则重视材料的自然特性，如硬度、色泽、构造，并通过凿、刻、塑、磨等手段对其进行处理加工，从而在材料的纯粹自然质感基础上，塑造出生动的形态。

■　体现质感的案例——立体形态的分析

如图2-18所示的立体形态，利用金属材料和天然木材结合形成对比，同时不锈钢材料通过反射，与周围空间形成互动，体现出质感的特性。

图2-18　体现质感的立体形态

2.3　形态的分类

物质的分类是系统认识事物的一种科学方法，由于物质都是复杂多变的，同时观察事物的角度也不尽相同，因此分类的方法也不同。形态的分类方法主要有以下几种。

（1）按照对形态的自身属性进行分类，可分为自然形态和人工形态。

（2）按照对形态的感知方式进行分类，可分为具象形态和抽象形态。

（3）按照对形态的空间维度进行分类，可分为平面形态和立体形态。

2.3.1　自然形态与人工形态

现实的形态可以分为自然形态和人工形态。自然形态又可以分为生物形态和非生物形态，按照成形规律又可分为偶然自然形态与规律自然形态。现实形态都具有其特定的材料与结构，又都是材料与结构的外在表现形式。

1. 自然形态

自然形态是指在自然法则下，依靠自然力以及自然规律形成的各种可视或可触摸的形态，它不随人的意志改变而存在，并且是没有经过人工制造的形态，如图 2-19 和图 2-20 所示。

图 2-19　山峰、树木、湖泊等自然形态

图 2-20　草地、树木组成的自然形态

大自然是一座宝库，丰富多彩，存在着各种美丽的事物，包含各种生物与非生物的自然形态。生物形态是指具有生命或曾经具有生命的形态，如美丽的孔雀、凶猛的虎豹、飞舞的蝴蝶、憨厚的大象、机智的猕猴、可爱的企鹅等，都属于生物形态；非生物形态是指没有生命的形态，如起伏群山、成荫树林、飞流瀑布、缓缓溪流、精致山石等。如图 2-21 和图 2-22 所示为生物形态，如图 2-23 和图 2-24 所示为非生物形态。

图 2-21　生物形态 1

图 2-22　生物形态 2

图 2-23　非生物形态 1

图 2-24　非生物形态 2

自然形态是一切形态的根源，当我们在森林中畅游，放眼望去，犹如沉浸在海洋之中，体会绿色带给我们的生命力；当我们在夜晚仰望星空，虽然距离遥远，但那美丽的繁星犹如闪烁的灯光，在黑暗中带给我们光明与希望；当我们近距离观察每一片树叶时，会发现树叶之间都不尽相同，它的造型、色彩都会呈现不同的美感：绿叶体现清新，枯叶体现沧桑，残叶体现缺憾。当我们将每一片树叶撕开或卷曲，对其形态进行变化，也会形成不同的视觉效果，所以同一客观事物，通过不同的角度和方法，都会产生不同的形态美感，这些形态又是主导造型活动的来源，如图 2-25 和 2-26 所示。

图 2-25　单片树叶形态　　　　　　　　　　　　图 2-26　各种树叶的形态与色彩对比

自然形态按照其生长规律又可以分为偶然自然形态与规律自然形态。

1) 偶然自然形态

偶然自然形态就是指一些物体在自然界中偶然形成的形态，它们属于自然形成，不经过人的加工而形成的形态，如雷雨天空中出现的闪电，产生的冰雹，自然界中的群山、大海、云彩、烟雾、波纹等；又如物体受到自然力后产生的撕裂、断裂的形态，如物体经风力的影响，摔在地上破碎而产生的形态等，如图 2-27 至图 2-30 所示。

图 2-27　偶然自然形态——云彩

图 2-28　偶然自然形态——动态波纹

图 2-29　偶然自然形态——波纹与光的结合

图 2-30　偶然自然形态——烟花

　　偶然形态是一种寻求可以表现某种情感特征的形态，也称"不规则形态"，它体现出非秩序性特点，变化多端、轻快而富有节奏，带给人一种特殊、生动、活泼、无序与刺激的感觉，但是形态难以预测与把控。尽管偶然形态并不是都具有美感，但由于这种形态具有一种特殊的自然力感和意想不到的变化效果，因而能给人一种新的启示或某种联想，有时这种形态比一般的形态更具独特魅力和吸引力。

　　2) 规律自然形态

　　规律自然形态是指由自然规律形成的具有秩序感的自然形态。通过显微镜观察，可以发现很多生物的内部结构具有某种秩序与规律，例如生物细胞，这些规律可以为设计活动提供思想源泉。

　　实际上人类很早就从植物中探究出了数学特征：花瓣对称排列在花托边缘，整个花朵几乎完美无缺地呈现出辐射对称形状，叶子沿着植物茎或杆相互叠起，有些植物的种子是圆的，有些是刺状，有些则是轻巧的伞状……这些都是自然生物富有规律的表现。

　　著名科学家笛卡儿，通过对一簇花瓣和叶形曲线特征进行研究，列出了一系列方程式，这就是现代数学中有名的"笛卡儿叶线"，或者叫"叶形线"，数学家还为它取了一个具有诗意的名字——茉莉花瓣曲线。后来，科学家又发现，植物的花瓣、萼片、果实的数目以及其他方面的特征都非常吻合于一个奇特的数列。也就是闻名世界的裴波那契数列：1、2、3、5、8、13、21、34、55、89……其中，从 3 开始，每一个数字都是前两个数字之和。我们以向日葵作为例子，向日葵种子的排列方式就是一种典型的数学模式。仔细观察向日葵花盘，我们会发现两组螺旋线，一组顺时针方向盘绕，另一组则逆时针方向盘绕，并且彼此相嵌。虽然不同的向日葵品种中，种子顺、逆时针方向和螺旋线的数量有所不同，但往往不会超出 34 和 55、55 和 89 或者 89 和 144 这三组数字，这每组数字就是裴波那契数列中相邻的两个数，前一个数字是顺时针盘绕的线数，后一个数字是逆时针盘绕的线数，雏菊的花盘也有类似的数学模式，只不过数字略小一些，菠萝果实上的菱形鳞片，一行行排列起来，8 行向左倾斜，13 行向右倾斜。挪威云杉的球果在一个方向上有 3 行鳞片，在另一个方向上有 5 行鳞片。常见的落叶松是一种针叶树，其松果上的鳞片在两个方向上各排成 5 行和 8 行，美国松的松果鳞片则在两个方向上各排成 3 行和 5 行。

　　所有这一切植物的生长规律向我们展示了许多美丽的数学模式，这为产品造型设计也提供了更多的灵感，如图 2-31 至图 2-33 所示。

图 2-31　花蕊自然形态与规律

图 2-32　鲜花的造型与生长规律

图 2-33　植物生长自然形态规律

2. 人工形态

人工形态是指人类使用一定的材料，利用加工工具，有意识地通过劳动在材料要素之间进行组合，从而产生的新形态。

人工形态不同于自然形态，它是人类通过有意识、有目的的实践活动，从而创造出的新物质。这种形态要满足功能性，既可以是实用功能，也可以是精神功能，如建筑物、汽车、轮船、桌椅、服装以及雕塑等形态都属于人工形态，其中建筑、汽车、轮船等是从满足实用功能的角度来设计的形态，而雕塑等则是一种将形态本身作为欣赏对象的纯艺术形态，没有实际功能，仅仅满足人的精神需求。这就使人工形态根据其使用目的的不同，所具备的功能属性也产生不同。如图 2-34 和图 2-35 中的手工工艺品，完全是传统手艺人利用手工制作出来的艺术形态，惟妙惟肖，栩栩如生，也体现出工匠艺人高超的手工技能。

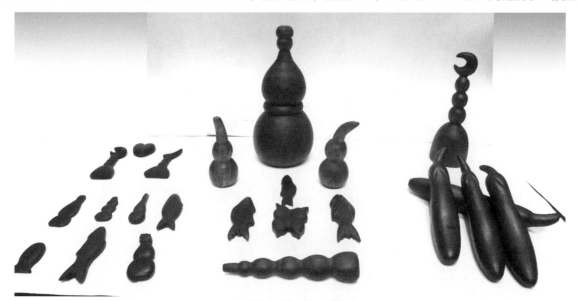

图 2-34　纯手工制作的各种艺术形态

　　人工形态是人类在改造自然的过程中所产生的，它的形成包含两个重要方面，即工具与材料。它们直接影响着人类社会的生产力与生产关系，所以它与人类的关系最为密切，也承载着人类文明发展的信息，如生产力的水平、生产关系、文化信息等。

　　人类通过自身的智慧，在大自然的宝库中创造出各种人工形态，在人们生活的世界中，除了自然形态，剩下的几乎都是人工形态，这些人工形态不仅数量大，而且种类繁多，几乎涵盖了人们生活的方方面面，例如，我们使用的家用电器、穿的衣服、居住的室内空间、欣赏的艺术品等，甚至包括医学上所使用的一些器材等，可以这样理解：我们的衣食住行，都是各种人工形态的集合，如图 2-36 至图 2-40 所示。

图 2-35　纯手工制作的茄子造型

图 2-36　人工雕塑艺术形态

图 2-37　灯具形态

图 2-38　瓷器艺术形态

图 2-39　运动鞋形态

图 2-40　汽车形态

■ 自然形态转换成人工形态案例 1——人民大会堂的室内穹顶设计

　　如图 2-41 至图 2-44 所示为人民大会堂室内穹顶的设计。设计师吸收了"水天一色"的中国文化特色,把顶棚做成大穹隆形,顶棚和墙身的交界设计成大圆角形,使天顶与四壁连成一体。没有边、没有沿、没有角,达到了上下浑然一体的视觉效果,消除了生硬和压抑感,使人仿佛到了大海边,仰望星空,感受到那种壮阔与辽远,使人充满希望。

　　穹顶造型灵感来自向日葵和浪花以及星空,整体造型来源于向日葵花,代表光明,布置三圈水波纹暗槽灯,中心镶嵌直径为 5m 的红色五角星灯,代表坚持中国共产党的领导,周围设计成鎏金葵花瓣花饰,象征我国各族人民坚持党中央的领导,三层水波纹暗槽灯,一层层犹如浪花辐射,代表共产党领导人民群众走向胜利,灯光的布置犹如满天璀璨的星光,体现出光明照耀社会大众的核心理念,葵花向阳的五角星灯和波纹灯光的设计也体现出一种雄心壮志的气势与信念,更体现出设计者的独具匠心。历经岁月的沉淀,人民大会堂的室内整体设计依然体现着中国人民的非凡智慧。

图 2-41　人民大会堂室内穹顶设计

图 2-42　人民大会堂室内穹顶照明效果 1

图 2-43　人民大会堂室内穹顶照明效果 2

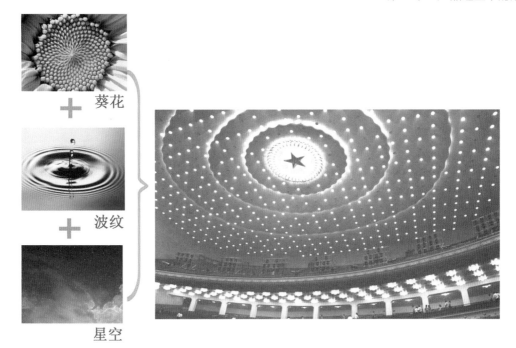

葵花

波纹

星空

图 2-44 人民大会堂穹顶设计的形态分析与造型含义

■ 自然形态转换成人工形态案例 2——喷头造型设计

如图 2-45 所示为灵感来自莲蓬的喷头设计。在形式上，设计师化繁为简，抓住自然形态的特点，对莲蓬的自然形态进行归纳与提炼，使现代制造产品传达出一种自然韵味。

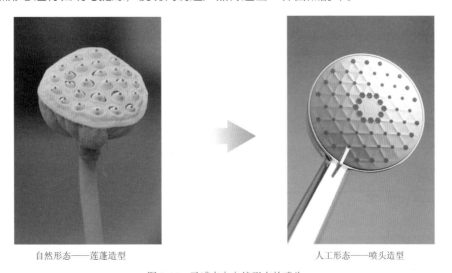

自然形态——莲蓬造型　　　　　　　　人工形态——喷头造型

图 2-45 灵感来自自然形态的喷头

2.3.2 具象形态与抽象形态

1. 具象形态

形态根据造型特征可分为具象形态与抽象形态。具象形态是指依照客观物象的本来面貌构造的写实形态，其形态特征与实际原本物体相近，反映物体的真实细节和典型的本质特征。具象形态就是仿造描绘真实的原本形态，或者接近客观原形，使人一眼就能看出形态的全貌，理解形态的本意。

具象形态的特点是真实、细腻、生动，在于细节的体现，还原实物的本质，如图 2-46 至图 2-49 所示。

图 2-46　具象形态 1

图 2-47　具象形态 2

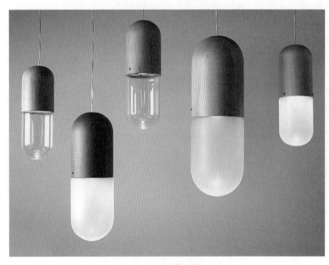

图 2-48　具象形态 3

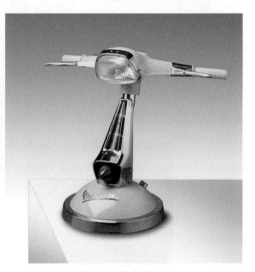

图 2-49　具象形态 4

2. 抽象形态

1) 抽象形态的理解

抽象形态就是指在对具象形态进行充分认识与研究的基础上，保留其本质特征，去除非本质特征，并综合诸方面的要素，进行归纳、概括与提炼，从而形成新的形态。

抽象形态并不是直接模仿原形，而是根据原形的概念及意义创造新的观念符号，抽象形态不要求人们直接去理解形态本来的形象与含义，而是要观者结合自身的感知能力与想象能力，去体会造型的含义与意境。仿佛欣赏古典音乐一般，没有歌词的解释，需要听者去感悟音乐中的含义。因此，抽象形态的特点是简洁、概括，不拘泥于细节的罗列，而是通过简洁的元素来体现造型之精髓，传达意境之美感，如图 2-50 所示。

所以，为了进行造型与形态的研究，我们就必须将具象的形态进行高度提炼与概括，利用不同的基本元素去表达。这些元素也是人们通过对现实形态进行总结与分析，不断提取而创造出来的。如图 2-51 所示，图中为鸟的抽象形态表达，设计师仅仅利用简洁的形态便表达出鸟的体态特征。

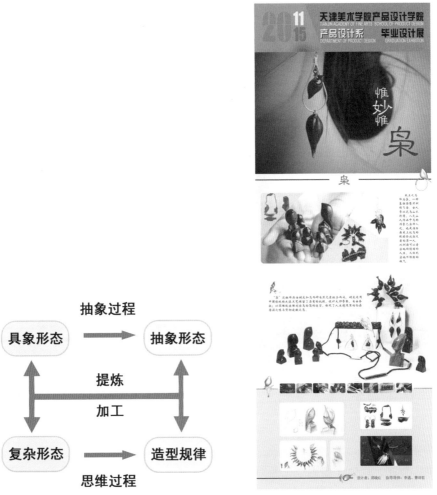

图 2-50　抽象形态与具象形态的关系　　　　图 2-51　首饰设计的整体效果展示

■　具象形态转化为抽象形态案例——首饰形态设计的过程分析

形态转化过程如图 2-52 所示。

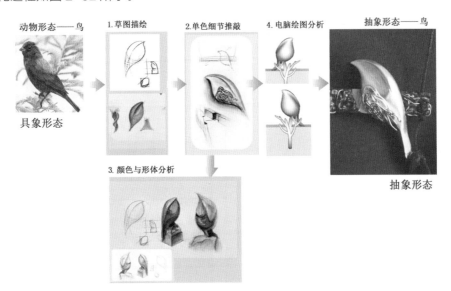

图 2-52　鸟的形态演变与分析

"鸟"的形态应用在不同产品中，如图 2-53 所示。

图 2-53 鸟的抽象形态与运用

2) 抽象形态的分类

抽象形态一般包括几何学的抽象形态、自然界中的一些有机抽象形态和偶然发生的抽象形态。

① 几何特征的抽象形态

我们生活的世界中，物体千姿百态，各具特色，但是基本上都可以归纳为矩形、棱形和曲线形，这些图形又可以变化为纯几何形，如正方形、三角形和圆形等图形。将平面形状转化为立体形态又可以变为立方体、锥体、球体等几何学形态。

几何形态是几何学上的形体，它是经过精确计算而做出的精确形体，具有单纯、简洁、庄重、调和、规则等特性。几何学的抽象形态有以下种类：球体、圆柱体、圆锥体、扁圆球体、扁圆柱体、正多面体、曲面体、正方体、方柱体、长方体、八面体、方锥体、方圆体、三角柱体、六角柱体、八角柱体、三角锥体等。几何特征形态是以纯粹的几何观念提升的客观意义的形态，具有单纯的特点，如图 2-54 至图 2-62 所示。

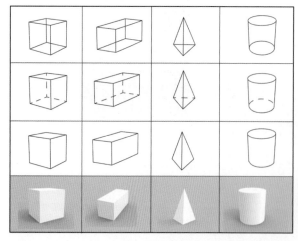

图 2-54 几何形态 1

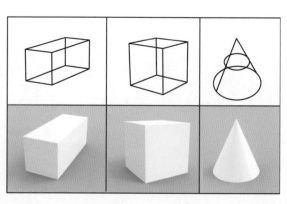

图 2-55 几何形态 2

图 2-56　产品设计中的几何形态 1

图 2-57　产品设计中的几何形态 2

图 2-58　产品设计中的几何形态 3

图 2-59　产品设计中的几何形态 4

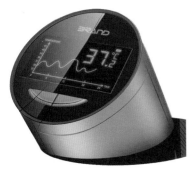

图 2-60　产品设计中的几何形态 5

图 2-61　产品设计中的几何形态 6

图 2-62　产品设计中的几何形态 7

② 有机的抽象形态

有机的抽象形态是指有机体所形成的抽象形态，如生物的细胞组织、肥皂泡、鹅卵石的形态等，这些形态通常带有曲线的弧面造型，形态显得饱满、圆润、单纯而富有力感，如图2-63和图2-64所示。

图2-63　产品设计中的有机抽象形态1 　　　　　 图2-64　产品设计中的有机抽象形态2

③ 偶然的抽象形态

偶然的抽象形态是指通过自然力或是人力，没有具体目标，随意产生的抽象形态。如搅拌液体产生的波纹、水中投入石块溅起的水花、敲打玻璃形成的碎纹等。这些抽象形态富有变化，曲线形态居多，灵动富有生机。

🔲　偶然的抽象形态案例——石材灯具造型与形态分析

如图2-65至图2-69所示，图中的灯具设计是利用天然石材为材料，通过外力使之碎裂，形成自然裂纹的效果，再用细小的石子进行堆砌，由大到小，不仅可以产生一种天然之美的自然效果，而且可以任意堆积，形态任意变化。

图2-65　石材灯具制作过程1

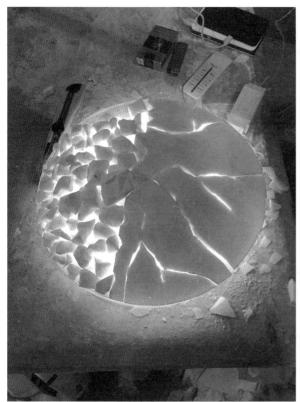

图 2-66 石材灯具制作过程 2

图 2-67 石材灯具制作过程 3

图 2-68 石材灯具制作过程 4

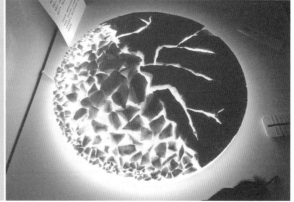

图 2-69 石材灯具制作过程 5

总之，自然界中蕴藏着极其丰富的形态资源，它是艺术与设计创作取之不尽、用之不竭的源泉。对于产品造型设计活动来讲，其更是宝贵的财富，许多设计师正是从大自然中获得灵感，从自然的形态中将美的要素提炼出来，从而创造出大量的优秀产品立体形态。

2.4 形态对人的心理感知

在人的心理感知系统中，具有符号特征的物体形态具备最典型的识别模式。认知心理学认为人们对对象的心理感知是依赖于人们过去的认识与经验，在视觉刺激的直接作用下，大脑进行信息加工，从而产生的一种心理感受。例如，平面给人平稳的感受，是因为平面容易使人联想到平坦的地面与其他平稳的物体等；曲面给人动态的感受，是因为其可以使人联想到弯曲的物体。世界是丰富多彩的，人的经验与知识也是多样化的，人的知觉受到各种因素的制约，所以对形态产生的感知也是多种多样的。例如，文化水平高的人群对形态的感知不同于文化水平较低的人群，因为他们的眼光、欣赏水平、受教育的程度等都存在差异，所以具有文化修养的人往往更追求一些抽象的形态，而文化修养低的人可能更喜爱一些具象的形态。

此外，人们对形态的心理描述总是可以利用词汇来表达的，如高雅与低俗的、光明与暗淡的、潮流与传统的、时尚与落伍的等，所以产品的形态最终要符合人们预定的心理感受。

格式塔心理学也是系统描述形态心理学问题的典型理论，也叫完形心理学。其出发点就是"形"，强调"形"的整体性，它强调"形"是基于人的经验，并且具有高度组织水平的知觉整体。人们在感受某一形体时，总是根据经验或心理需要将其整体化、简洁化、秩序化，这样的形态会给人以舒服、和谐、愉快的感受。

2.5 形态在产品设计中的重要性

2.5.1 产品形态

产品之"形"是指产品的形状，它是由产品的边界线，即轮廓线所围合成的展示形式，其包括产品外轮廓和产品内轮廓。产品外轮廓主要是视觉可以把握的产品外部边界线，而产品内轮廓是指产品内部结构的边界线。

产品的"形"是相对于空间而存在的，产品形之美是空间形态和造型艺术的结合。如图2-70和图2-71所示就是汽车外部形状与内部形态的结合。

图 2-70 汽车外部形态

产品之"态"依附于产品的形而存在，是指产品可被感觉的外观与神态。同一"形"的产品可以指定不同的"态"，犹如同样的人可以穿不同的衣服，做出不同的表情，摆出不同的姿势，以此传达不同的感情。

图 2-71 汽车内部形态

形态必须是以物质为载体的，例如一台笔记本电脑，通过外部形态，我们可以判断出它的功能与属性；
通过按键的形态，我们可以判断出按键的使用方式；通过机器
外观，我们可以判断其体积大小与产品的类别，因此产品的形
态总是与功能、材料及工艺、人机工程学、色彩、心理等要素
密不可分的。我们在评判产品形态时，也总是将其与这些基本
要素联系起来，因而可以说产品形态是通过功能、材料及工艺、
人机工程学、色彩、心理等要素所构建的"特有势态"给人
的一种整体视觉感受，如图 2-72 所示为笔记本电脑的形态
与功能。

图 2-72 笔记本电脑的形态与功能

2.5.2 产品形态的作用

世界万物都是以其独有的形态而存在的，工业产品也是如
此。在众多的产品设计中，并不是所有的形态都是美的，都能
被人们所接受。在物质极大丰富和科学技术高度发达的今天，
人们对产品的要求已经不再满足于产品的使用功能，在产品实用功能得到满足的同时，消费者对产品的
适用性、宜人性、舒适性和美观性等给予了更多的期待，并以此作为评价产品口碑优劣的一个重要方面。

产品形态是信息的载体，能使产品内在的组织、结构和内涵等本质因素上升为外在表象因素，并通
过视觉使人产生一种生理和心理活动。设计师通过设计使产品具备独特的形态，形态作为一种造型语言
向外界传达出设计师的思想与理念，更向消费者传达产品的信息，消费者在选购产品时也是通过产品形
态所表达出的信息来进行判断和衡量，并最终做出是否购买的决策。

■ 产品形态案例 1——抽象形态的运用

法国设计师设计了这个银莲花灯饰系列。银莲花灯饰系列外形酷似水上莲花，全部用聚乙烯材质手
工制作，透明而又有动感。在夜晚，一个个的 LED 灯就好像的水下珊瑚，婀娜多姿，丰富多彩，如图 2-73
至图 2-76 所示。

图 2-73　银莲花灯饰 1

图 2-74　银莲花灯饰 2

图 2-75　银莲花灯饰 3

图 2-76　银莲花灯饰 4

■ 产品形态案例 2——综合形态的运用

如图 2-77 至图 2-81 所示为国外设计师设计的一款蘑菇灯具，形态造型来自大自然中的蘑菇。设计师在形态上对其进行概括和提炼，使产品布局高低错落有致，形成一种美妙的秩序感。内置小型 LED 灯，可选择多种颜色。底座选用一块天然木材，利用天然材料与人工设计的灯饰形成细节对比，但又没有突兀的效果，非常自然。整体灯具的形体仿佛从自然木材中生长出来一般，体现一种自然的生命力，在灯具设计中蕴含了深刻的寓意。

图 2-77　蘑菇灯具 1

图 2-78　蘑菇灯具 2

图 2-79　蘑菇灯具 3

图 2-80　蘑菇灯具 4

图 2-81　蘑菇灯具 5

■ 产品综合形态案例——吉利"博瑞"汽车设计与分析

最后选用一个综合案例，来感受一下产品形态的具体应用，以此作为本章的总结。

我国汽车自主品牌吉利集团旗下推出博瑞车型，被誉为"国产品牌中最美的汽车"。这个称号虽然有一些夸张，但是这款汽车从造型、形态与内部结构以及性能来讲，的确是与以往产品相比有了长足的进步。尤其是在外观上有许多值得称道的地方，体现出了我国工业设计的进步。

1. 品牌"语意"的应用

首先"博瑞"一词，其含义为"博采众长，锐意进取"，这正是吉利博瑞车名的由来。也正和名字一样，该车在设计上"博采众长"，这台让人惊艳的、颇有欧系轿跑风范的中高级新车正是设计师在吸收很多先进设计理念的基础上研发出的成果，名字的寓意更是体现出一种开放的胸怀、进取的斗志，使产品充满正能量的气质，如图 2-82 至图 2-84 所示。

图 2-82 吉利博瑞量产车 1　　　　　　　　　　　　图 2-83 吉利博瑞量产车 2

图 2-84 吉利博瑞概念车原型

2. 自然元素的应用

吉利博瑞首先就是其取自自然的设计元素，同时在外观设计上有着很强的中国原创元素，完全看不出任何雷同。同时博瑞这款车在很多地方还运用了中国传统的纹饰并且配合时下流行的 Fastback（快背）

设计，看起来时尚又不乏中国的味道。其中最为醒目和广受关注的就是车头的环状格栅造型。

对自然元素的运用，是整辆车最大亮点。中网隔栅的设计灵感来自水滴落入水面时荡漾的涟漪，波纹的设计很好地抓住了人们的眼球，吉利汽车的标志宛如一片树叶落入水中，荡起美妙的涟漪，动中有静，静中有动，自然流畅的同时不失大气之美，富有极强的层次感，如图 2-85 至图 2-87 所示。

图 2-85 动感的中网设计 1

图 2-86　动感的中网设计 2

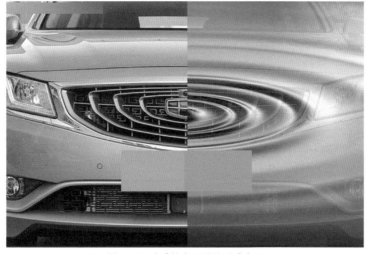

图 2-87　动感的中网设计灵感来源

3. 中国纹饰的运用

在车内很多地方，都运用了中国传统的回纹以及桥拱的概括图样，体现出中国传统的吉祥寓意，如图 2-88 至图 2-90 所示。

图 2-88　车内中式纹样运用 1

图 2-89　车内中式纹样运用 2

图 2-90　车内中式纹样运用 3

4.车身整体形态的设计

设计师利用动物的形态将吉利汽车的形象表达了出来，选择了用猫科动物作为集合名词来表现所有这些汽车的特征。猫科动物包括狮子、老虎、猎豹等，每一只动物各有特征，但又都属于同一个分科。这样生动的设计不同于俄罗斯套娃式的家族化效应，而是希望能够提供一整套具有整体性，同时又带有各自鲜明特征的吉利汽车。我们可以看到车身的侧面，灵感来自猎豹的矫捷身姿，尾部的线条来自雄鹰展翅飞翔的形态，博瑞汽车也正和它的名字一般，博采众长，锐意进取，将造型和理念完美地结合，如图 2-91 至图 2-93 所示。

图 2-91　车身的形态设计分析

图 2-92　车身侧面的形态设计

图 2-93 车身尾部的形态设计

2.6 本章总结与思考

2.6.1 本章总结

通过本章的学习，我们掌握了形态的概念、形态的生成规律、形态的分类以及特点等重要知识。形态的每一种类别都有着各自的特点和魅力，我们要掌握将形态进行转化的方法，例如，如何将自然形态转化为人工形态，如何将具象形态转化为抽象形态，如何将不同形态应用在一起等，最终使产品以美的形态展现在人们眼前，这就是产品造型设计的目的。

2.6.2 思考题

(1) 如何理解形态？

(2) 如何理解形态生成的规律？

(3) 形态分哪几类？

(4) 如何理解人工形态与自然形态？请举例说明。

(5) 如何理解抽象形态与具象形态？请举例说明。

(6) 不同形态之间如何转化？请举例说明。

(7) 设计一款家庭用品，要求利用自然形态的元素进行表达，造型简洁、美观、实用。

《第3章》
产品形态构成要素

3.1　产品形态中的基本构成要素

　　形态不仅指物体外形、样貌，还包括物体的结构形式。宇宙万物虽然千变万化，但其外形都可以归纳成点、线、面、体等基本要素。自然形态与人工形态同样复杂多样，形态与造型设计要从自然形态中抽取出纯粹的、基本的、原始的形态。构成主义认为凡是自然复杂的形体都可以归结成为方体、球体、柱体、锥体等几何形体以及形体之间的组合。这些基本的体块通过组合、变形构成了复杂而生动的新形态。

　　如图3-1所示的产品是我们生活中的常见物品，外形多样，但都可以归纳成为简单的几何形体。因此，我们要通过对形体进行学习与认知，将复杂的形体予以简洁化、秩序化、规律化与单纯化。

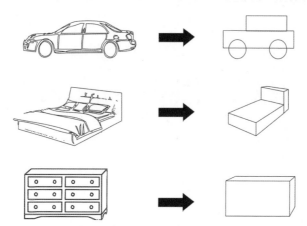

图 3-1　产品都可以归纳为几何形体

　　立体形态多种多样，造型与样式虽然千变万化，但都可以归纳为基本的点、线、面、体、空间的要素，因此点、线、面、体、空间是立体形态构成的基本要素。它们之间的关系是连续的、循环的，不能简单地按几何尺度进行划分。例如，点是立体形态中最基本的单位，将点向一定方向延续下去，就会形成线；将线横向或纵向排列，就会形成面；把面阵列起来就会形成体；体与体的组合，又可形成空间的概念，如图3-2所示。

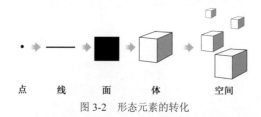

　　　点　　　　线　　　　面　　　　体　　　　空间
图 3-2　形态元素的转化

　　同时，每一个元素都是相对而言的。我们举个例子：将电脑机箱与橡皮放在一起比较，橡皮就成了点，当橡皮与比其体积更小的物体相比，橡皮就成了体；再如，当我们仰望夜空，欣赏那璀璨的星河，其实每颗星体都是巨大的球体，但其相对于浩瀚的宇宙，进入到我们的视野中，星球就成为渺小的点。所以说点、线、面、体都是相对而言的，并且可以相互转换的。

■　产品形态构成要素案例——图解平面点、线、面与立体点、线、面的区别

立体形态中所讲到的点、线、面与平面设计中所提到的点、线、面是不相同的。平面构成中讲到的点、线、面是有位置、长度、宽度而无厚度的二维图形。而立体形态中所讲到的点、线、面都是具有体积与重量的三维实体，如图 3-3 和图 3-4 所示。

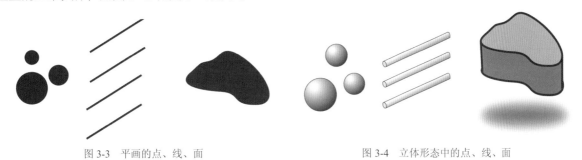

图 3-3　平画的点、线、面　　　　　　　　　　图 3-4　立体形态中的点、线、面

3.2　点元素特征与运用

3.2.1　点的特征

在几何学中，点是个纯粹的抽象概念，只有位置，无长度、宽度及深度，更不具备大小、形状与方向的概念。而在立体形态中，点是具有空间位置的视觉单位，它具有形状、大小、色彩、肌理，是实实在在的实体，能使人看得到并可以触摸到的。

■　点的特征案例——图解平面点与立体点的特征

如图 3-5 至图 3-9 所示为平面设计中的点，具有大小与位置感。如图 3-10 所示为立体形态中的点元素，具备三维尺度。

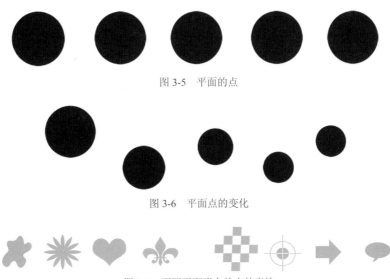

图 3-5　平面的点

图 3-6　平面点的变化

图 3-7　不同平面形态的点的表达

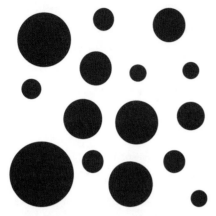

图 3-8　点的平面构成

图 3-9　平面点的设计应用

1. 点的形态

在几何学中，点是不具备形状和大小变化的。在形态设计中，点作为基本要素，却是具备形状与大小变化的。在设计形态学中，点一般是以圆点的形态出现，但也可以以其他的形态出现。

■　点的形态案例——图解立体点形态

如图 3-11 至图 3-17 所示为可见点的存在形式，可见点的存在形式是多样化的，如草坪上的一个足球、盘子上的一个苹果、项链中的一个挂件等，都可以成为立体的点，所以说点可以是任何形态的实体。

图 3-10　立体形态中的点

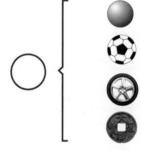

图 3-11　点的各种立体形态 1

图 3-12　点的各种立体形态 2

图 3-13　点的各种立体形态 3

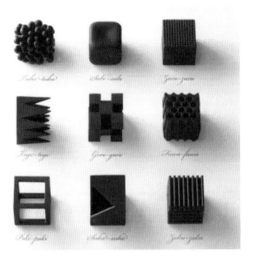

图 3-14 点的各种立体形态 4

图 3-15 点的各种立体形态 5

图 3-16 点的各种立体形态 6

图 3-17 点的各种立体形态 7

如图 3-18 和图 3-19 所示为点与不同的物体进行对比，形成的形状与大小的对比。

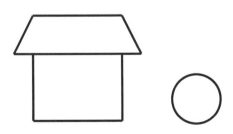

图 3-18 点的形状对比

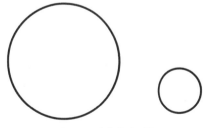

图 3-19 点的大小对比

2. 点的大小
立体形态中的点并无固定的形态与大小，但是存在形状与大小的对比。

■ 点的大小案例—— 图解点的大小与对比

如图 3-20 至图 3-23 所示，点感是由环境与参照物而决定的，点元素的大小是与周围环境相对而言的。当我们在机场近距离观看飞机时，它是庞然大物，而当我们抬头仰望天空中的飞机，其相对天空而言就成为一个小尺度的点。飞机之所以形成点的视觉感，是因为天空足够大，空间环境的大小赋予物体具有点的视觉感，因此将形态与周围其他造型要素及环境进行比较时，只要它在整体空间中被认为具有凝聚性，能够具有表达空间位置的特性，并能成为最小的视觉单位时，我们都可以称之为点。

所以点的大小是相对而言的，是要以环境为参考背景的。同样的点，在大环境的映衬下，显得渺小；若在小环境下，则显得庞大。通常来讲，点的形态越小，视觉感越强烈，越吸引人的注意；点的形态越大，则越具备面的感觉，视觉感越弱。

 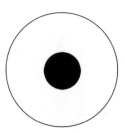 

图 3-20　不同点的大小对比　　　　　　　　　图 3-21　相同点的大小对比

图 3-22　形成体感的飞机

图 3-23　形成点感的飞机

3. 点的虚实

一般来讲，点以实体的形式出现，与其相反的是其形成的虚点，也就是负图图形；实际凸起点为正形，若被周围图形所包围，则形成虚点，如图 3-24 至图 3-28 所示。

图 3-24　平面的实点

图 3-25　平面的虚点

图 3-26　立体的实点

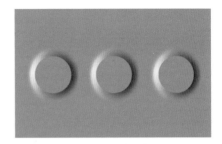

图 3-27　立体的虚点

图 3-28　平面点的虚实结合

3.2.2　点元素的作用

1. 点能够转化为其他元素

点是形态构成中最小的单位，更是立体形态设计的基础元素。点的排列可以产生线感；点的堆积可以形成体积感；点的移动可以产生动感。所以，运用好点的元素，可以全面地构造立体形态。

■　点元素的案例——图解点元素的作用

如图 3-29 所示，图中的点通过秩序排列，形成线；如图 3-30 所示，图中的点通过大小变化与秩序排列，形成运动感；如图 3-31 所示，图中的点通过堆积，形成半球体。

图 3-29　点通过秩序排列，形成线

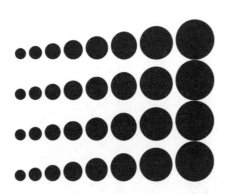

图 3-30 点通过大小变化，形成运动感

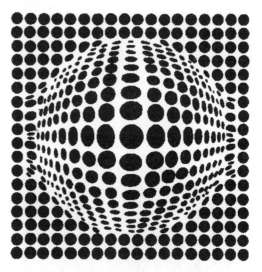

图 3-31 点通过堆积，形成体积感

如图 3-32 所示，点的密集排列可以形成虚面与虚体。当有两个大小相同的点时，人们的视线齐两点之间移动会产生线的感觉。当有两个大小不同的点时，人们首先会被大点吸引，然后再将视线转移到小点上。人们的视觉习惯通常具有由大到小、由左到右、由上到下、由近到远的特征，如图 3-33 至图 3-35 所示。

图 3-32 点形成的虚面

图 3-33 两点之间的关系

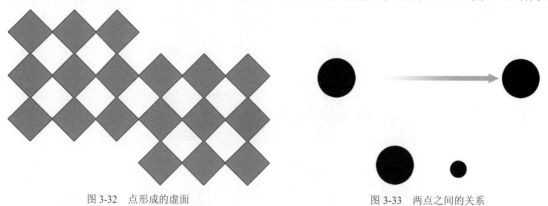

图 3-34 点的堆积

2. 形成视觉中心

点元素能创造视觉焦点，产生心理张力。当空间环境仅有一个点时，人们的视线就会集中到"点"上面。孤立的点、发光的点易于成为视觉焦点。点也可以形成视觉中心，具有极强的聚焦作用。当只有一个点的时候，视线集中汇集到这个点上，形成焦点，明显、突出并引人注意。当有两个大小相同的点时，视线会在两点之间反复运动。由光源点进行阵列，组成的球面，吸引人们的视觉。此外，点可以确定位置，充当中心或重心。所以在形态设计中，需要确定位置与区域时，可以充分利用点的元素，如图 3-36 和图 3-37 所示。

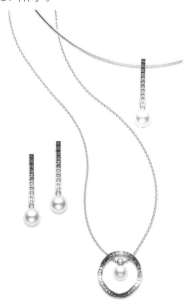

图 3-35 点的对比与轨迹

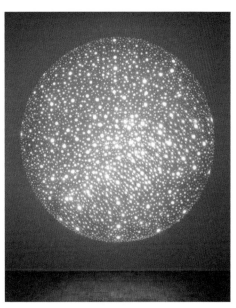

图 3-36 点的阵列

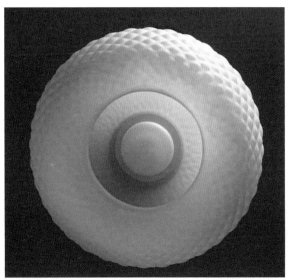

图 3-37 点的吸引

3. 点缀形态

点作为装饰元素，可以起到丰富形态的作用。在物体外形表面进行点元素的排列，可以形成秩序感，并使表面产生装饰效果，丰富了视觉语言，如凸起的点、内凹的点、隐约的虚点都可以起到装饰效果，如图 3-38 所示。

图 3-38　点的装饰作用

3.2.3　点元素的材料

　　单纯的点在立体形态中并不多见，这是由于将点的形态固定在空间中，必须依靠支撑物，如棍棒、绳索或其他形态物体，因此点往往和线、面、体相结合形成立体形态，或者成为立体形态中的部件。

　　点在立体形态中，可以使用各种材料来进行表达，如黏土、石膏、木块、石块和金属块等；也可用布、纸、玻璃、塑料和金属等材料做成中空和通透的点的立体造型；还可选用现成的物品来表达点的含义，如乒乓球、玻璃球、滚珠等物体。

　　■　点元素的材料案例——点的不同材料与形式表达

　　如图 3-39 所示，设计师对餐具进行图案描绘、大小布局与对比，形成了一种集中的美感。

图 3-39　点的立体形态展示

如图 3-40 和图 3-41 所示，图中的地毯是利用羊毛毡形成点的辐射形式进行体现的，具有一种发散的美感。

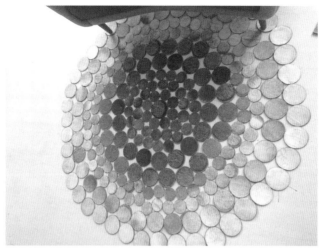

图 3-40 点状形式的羊毛地毯 1

图 3-41 点状形式的羊毛地毯 2

如图 3-42 所示，图中是利用相机镜头进行点元素的表达，形成大小的对比。

如图 3-43 所示，图中是利用键盘按键形态进行点元素的排列与组织，形成具象的形态，体现出一种视觉震撼感。

如图 3-44 和图 3-45 所示，图中体现的是实体的点与镂空的点。

图 3-42　相机镜头进行点元素的表达

图 3-43　利用键盘按键形态进行点元素的排列与组织

图 3-44　点的聚集

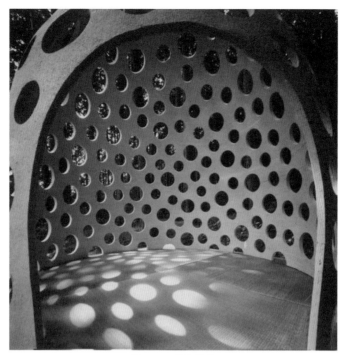

图 3-45　镂空的点

3.2.4　产品造型中点的表现

在产品造型中,点具体是指诸如按键、散热孔、显示屏等部件,它们在产品整体的形态中,占用面积小,起到点的作用。

■　点元素在产品设计中的应用案例 1——"糖果沙发"的设计分析

"糖果沙发"出自乔治·尼尔森之手,乔治·尼尔森是美国极具影响力的建筑师、家具设计师和产品设计师,曾经担任 Herman Miller 家具公司的艺术总监长达 20 年,他最知名的"糖果沙发"和"球表"都像糖果一样色彩斑斓,是早期波普风格家具的代表作品。

他的代表作"糖果沙发"被描述为"第一款孕育着全新软椅概念的产品。独具趣味性的'糖果沙发'是现代设计中的一项划时代杰作","糖果沙发"至今仍保持着独有的魅力,深受人们的喜爱。

1956 年,乔治·尼尔森和艾文·哈勃受到一位光盘发明家的启发,认为把光盘用于家具设计中,可以花更少的生产成本,而且经久耐用。因此他们将十八个这样的注塑光盘安放在一个铁架上,从此"糖果沙发"的原型就诞生了。后来米勒公司在 1999 年将它加以改进,产品一经推出便吸引世人的目光,成为市场的热点。

"糖果沙发"有着奇特的外貌,18 个舒适的圆形软垫"漂浮"在沙发框架上,它不仅可以在家里使用,而且可以在与前者环境迥异的公共大厅内使用,它与众不同的外观无疑是公共场合的一道风景线。除了具有充满吸引力的外观,这款沙发还格外舒适,如图 3-46 和图 3-47 所示。

"糖果沙发"的特点如下。

(1) 这件著名的家具设计完全利用点的元素,大小相同,对色彩进行变化,并有秩序地排列组合,形成一种新的形态。

(2) 设计新颖奇特,用 18 个独立的圆形软垫组成座椅和靠背,"漂浮"在沙发框上。

(3) 使用灵活,软垫的拆卸十分方便,清洁起来也省事,可以交换各个软垫的位置以保持均匀的使用度,还可摆放出全新的外观。

(4) 沙发的软垫下方由管状的黑色烤漆钢架支撑着。

(5) 真皮坐垫，内部填充高密度海绵，坐感舒适。

(6) 软垫的色彩有单一色彩和多种色彩可选，适用范围很广，在办公室、大厅、休闲室、客厅或书房等空间都可使用。

图 3-46　"糖果沙发"的设计 1

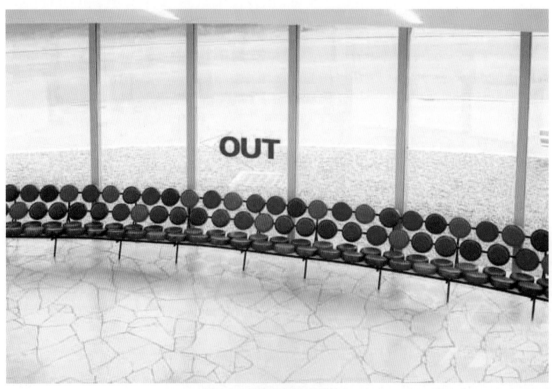

图 3-47　"糖果沙发"的设计 2

■　点元素在产品设计中的应用案例 2——"球表"的设计分析

同样是来自乔治·尼尔森的经典作品，利用鲜艳色彩的球体取代了呆板的数字，简洁醒目，充满情趣，如图 3-48 和图 3-49 所示。

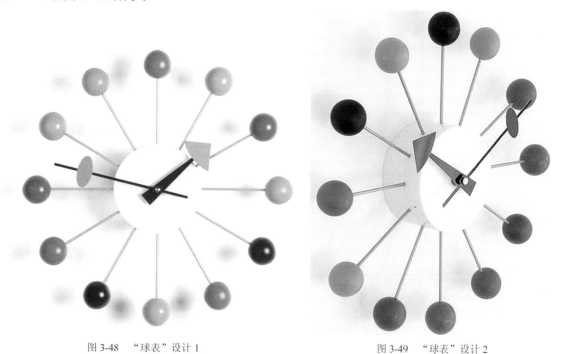

图 3-48　"球表"设计 1　　　　　　　　　　　　　　图 3-49　"球表"设计 2

■　点元素在产品设计中的应用案例 3——音响造型设计分析

如图 3-50 所示，图中这款音箱的造型充分运用到点元素的应用，选择了三个点的元素。在色彩与大小上进行对比，形成视觉冲击力，非常醒目，吸引人的眼球。

■　点元素在产品设计中的应用案例 4——电暖器的散热孔设计

如图 3-51 所示，图中这款电暖器的散热孔设计非常具有形式感，散热孔很好地构成了产品造型中点的元素，同时又是一种镂空的点，也可以理解为"负"点。设计师非常巧妙地对四组点的集合进行放射性排列，与周围横向的点形成对比，使其不仅具有形式美感，更形成了一种视觉焦点，为产品增添了情趣。

图 3-50　音箱造型设计

图 3-51　电暖器的散热孔设计

如图 3-52 至图 3-55 所示，图中也是产品设计中点元素的应用。可见点元素可以丰富产品的细节，提高产品的品位，塑造产品的新形象。

图 3-52　点元素的应用 1

图 3-53　点元素的应用 2

图 3-54　点元素的应用 3

图 3-55　点元素的应用 4

3.3　线元素特征与作用

3.3.1　线的特征

线在几何学上的定义是点移动的轨迹，只具有位置与长度，而不具有宽度与厚度。而在立体形态中，线是具有长度、宽度及深度三维空间的实体。线不仅具有粗细长短的变化，它还具有软与硬、刚与柔、粗与细、急与缓等特性与区别。

线以长度的表现为主要特征，若一个实体与其他视觉要素相比较，仍能显示出绝对的长度，则该实体就会呈现出视觉上的线感。一个点是自然静止的，而一条线却能够在视觉上表现出连续性和运动感。

在设计实践中，线要素必须是具有一定粗细程度的形体才能被感知，而一组保持一定间距的点，同样可以提示出一条线的存在。

3.3.2 线的种类

线包含很多种类,大致有直线系(见图3-56至图3-59)与曲线系(见图3-60和图3-61)两大类。直线系包含垂直线、水平线、斜线、折线、对角线等;曲线系包含曲线、波浪线等。

1. 直线系

垂直线(粗直线和细直线):直线特征为平稳、简洁、坚硬、果断、直接、具有秩序感。粗直线具有阳刚之气,体现力度感;细直线柔和、精致、细密。

水平线:水平线作为基础线,平稳缓和,体现规律与秩序感,给人以安稳的视觉感受。

斜线:具有动感,能产生不稳定的视觉效果,具有动态美。

折线:折线特征为具有起伏效果,具有动感,连续,具有角度,体现力度。

对角线:体现对称与张力,也体现一种强烈的秩序感。

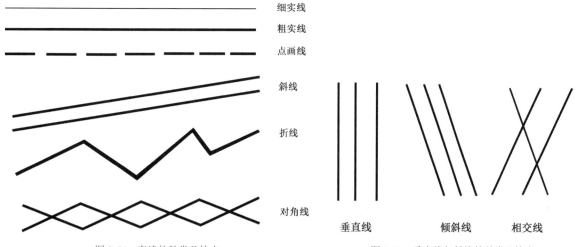

图 3-56　直线的种类及特点　　　　图 3-57　垂直线与斜线的种类及特点

图 3-58　线的变化

图 3-59　线的组合

2. 曲线系

曲线：曲线的特征为圆滑、柔和，具有连续的动态美。曲线又包含几何曲线、自由曲线、涡线等。几何曲线带有数学特性，具有一种秩序美感。自由曲线随意、灵活，具有动感。

波浪线：体现一种动感，犹如海浪一般的视觉效果。

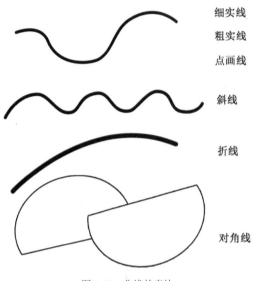

细实线

粗实线

点画线

斜线

折线

对角线

图 3-60 曲线的表达

图 3-61 曲线的种类及特点

3.3.3 线元素的作用

在立体造型中，线具有很重要的功能。线除了提供方向性的暗示之外，还意味着不同元素之间所具有的联系。线所处的不同状态，在形态构成方面会起到完全不同的作用。

垂直线可以用来表现一种竖直向上的感觉；水平线则意味着稳定、平衡和舒缓；倾斜的线往往呈现出不稳定的特征，是制造紧张性和冲突感的有效手段。与两个点所形成的相互关系类似，两条平行线在视觉上也可能被看成是一个面，一组相互间隔的平行线可以很明确地提示出面的存在，线通过勾勒轮廓或相互交织的方式即可呈现出面和体。与点要素一样，线要素的这一特性也说明它是比面和体更基本的形式要素。

1. 决定形体的方向

线能够决定立体形态的方向，或表现轻量化的意象；线也可以形成物体的外部轮廓线，将形从外界分离出来，形成独特的视觉效果，如图 3-62 至图 3-64 所示。

图 3-62 线的运用 1

图 3-63 线的运用 2

2. 具有框架支撑作用

线可以形成骨架，成为某种结构线，如很多结构材料，就是因为截面的特殊形状而产生了加强的作用，称之为型材。因此使用截面尺寸较大的线材制作立体形态，会产生健壮和强有力的感觉；相反，如果使用截面较小的线材制作立体形态，则会产生纤细或锐利的效果。

图 3-64　线的运用 3

　　线的框架支撑作用案例

如图 3-65 和图 3-66 所示，线的截面形状，不仅限于圆形，还可以有其他各种不同的形状，并会给造型带来很大的影响。工程制作中的型材就是因材料截面的不同，从而使材料产生不同的力学支撑特性。在建筑和产品结构中可以被广泛使用。

如图 3-67 和图 3-68 所示，图中体育场馆内采用了线型的支撑结构，起到功能与审美结合的效果。

图 3-65　线的结构作用

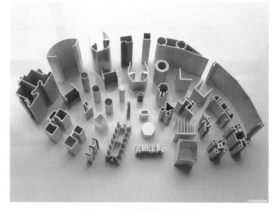

图 3-66　型材的截面特征

图 3-67　线的结构作用 1

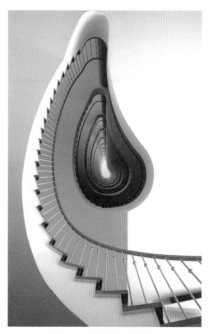

图 3-68　线的结构作用 2

3. 表达丰富的情感与塑造性格

线具有多样的形态，也具有丰富的情感与性格。

用直线构成的立体形态，使人产生坚硬、严谨的感觉，但易呆板。将直线进行交错，就可以产生动感；用曲线构成的立体形态，则给人舒展、优雅、灵活的感觉；采用斜线构成的立体形态，有活力、飞跃与冲刺的动感，可以使造型充满活力。线也具有速度感，可以表现各种动势。线的立体形态常给人以纤细、舒畅、轻巧、灵动和透明等视觉感觉。

◼ 线的情感与性格表达案例

如图 3-69 所示，图中的案例采用短线不规则的排列，配合灯光，具有运动感。

如图 3-70 所示，图中的案例为旋转的楼梯设计，采用多维曲线，生动并富有韵律。

如图 3-71 所示，图中的公共雕塑，采用硬朗并具有厚度的线型，体现视觉冲击力。

如图 3-72 所示，图中为利用流动的线型进行灯具设计，使产品富有流动的生命力。

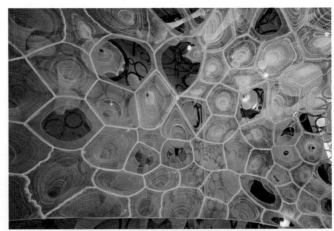

图 3-69　短线的应用

图 3-70　多维曲线的应用

图 3-71　直线与曲线的结合

3.3.4 线的材料

　　立体形态中线的材料有毛线、尼龙线、丝带、铁丝、竹木藤条和玻璃、金属、有机玻璃等管形材料。尽管同样是线材，但表面效果不尽相同，有的细腻，有的粗糙，线的表面质感对造型效果有很大的影响。

 线的材料运用案例

　　同一材质的线材，通过造型处理方法的微妙变化，也可以产生特殊的感情与视觉效果。线的构成方法很多，或连接或不连接，或重叠或交叉，我们可以依据形式美的法则进行构造。

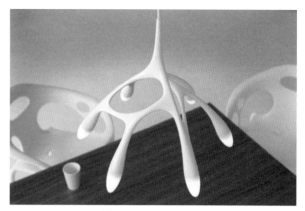

图 3-72　流动曲线的应用

　　如图 3-73 所示为直线交错产生的纵横感。

　　如图 3-74 所示为利用铁丝弯曲制作的产品形态。

　　如图 3-75 所示为利用勺子焊接制作的家具，这件作品对金属材料与形态的运用很巧妙。

　　如图 3-76 至图 3-78 所示为各种材料制作的线形态。

　　如图 3-79 和图 3-80 所示为线形态在环境中的应用。

图 3-73　线的材料与形态 1

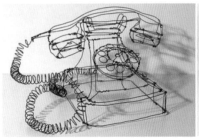
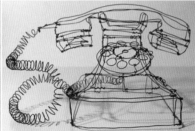
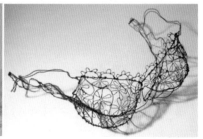

图 3-74　线的材料与形态 2

图 3-75　线的材料与形态 3

图 3-76　线的材料与形态 4

图 3-77　线的材料与形态 5

图 3-78　线的材料与形态 6

图 3-79　线形态在环境中的应用 1

图 3-80　线形态在环境中的应用 2

3.3.5　产品形态中的线

　　线是产品造型与形态设计中十分重要的要素，产品形态中的线一般包含轮廓线、结构线、工艺线、装饰线等。

　　线能够决定产品形态的方向，或表现轻量化与秩序化的视觉效果；可以作为产品外部轮廓线，将产品外观从外部环境中显现出来，形成独特的视觉效果；可以成为产品的结构线，塑造产品的形体特征；可以作为单纯的元素，完成产品造型设计；可以成为产品设计的框架；还可以形成一种双重功能的结构线，如很多产品的表面具有线的形式特征，既能起到装饰效果，又起到加强形体的作用。

■ 产品设计中线元素应用案例 1——线型椅

这是来自日本产品设计师的作品，完全利用线型进行表达，使产品呈现出一种像草图或象征书法的状态。轮廓是其主题，轮廓的直线与倾斜的支撑线进行结合与对比，轻微的黑色线条就像是空气中的画图痕迹，使轮廓表面以及体量清晰地展示在我们面前，其简单凝练的表现手法却与书写笔法不谋而合。此外，这个设计轻易地破除了"正面"与"背面"的关系，在某个维度上完成两维到三维的转变，如图 3-81 至图 3-83 所示。

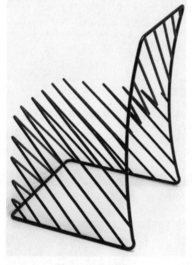

图 3-81　线型椅 1　　　　　　图 3-82　线型椅 2　　　　　　图 3-83　线型椅 3

■ 产品设计中线元素应用案例 2——线框椅

如图 3-84 至图 3-86 所示，图中的座椅利用直线的规律性进行连接，形成三角形框架。对三角形框架再进行大小变化并依次进行组合与连接，既稳定坚实，又富有规律，使产品具有结构美感，同时又符合力学特性。再配上几何形水泥底座，使产品更加具有简洁美感。

图 3-84　几何形坐具设计（浅色）　　　　　　图 3-85　几何形坐具设计（暗色）

■ 产品设计中线元素应用案例 3——线型的结构作用

如图 3-87 所示，图中椅子背面的每一条线的设计，都是具有功能性的。该设计利用线型的紧密排列，不仅形成秩序感，同时更能起到加强椅面支撑力的作用，使椅子能够承载更大的重量，是形式美学与结构力学的结合。

线的组合与叠加

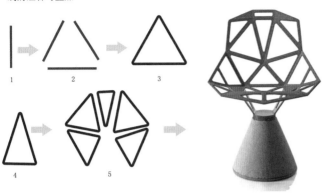

图 3-86　几何形坐具设计形体演变

图 3-87　椅子背部"线"的功能

■　产品设计中线元素应用案例 4——孔雀椅

如图 3-88 至图 3-92 所示，图中的孔雀椅是丹麦著名设计师汉斯维纳的代表作。

孔雀椅的椅背以多条木杆制成，形似孔雀，因而得名。整体造型完全利用曲线与直线的结合，极具美感，并体现一种视觉张力。这件作品不仅是具象形态提炼成抽象形态的典范，更是线形式被完美表达与应用的经典作品。

图 3-88　孔雀椅造型 1

图 3-89　孔雀椅造型 2

图 3-90　孔雀椅局部结构与造型

图 3-91　孔雀椅造型（黑颜色款式）

■ 产品设计中线元素应用案例 5——线元素在不同产品造型中的体现

如图 3-93 所示，图中为电子产品表壳散热孔的设计，横向排列，极具秩序感，同时起到美化产品的作用。

线的变化与组合

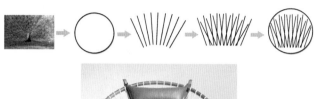

图 3-92　孔雀椅的形态分析

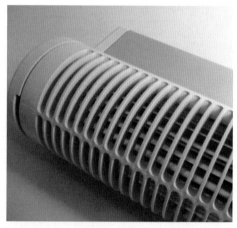

图 3-93　电子产品表壳散热孔的设计

如图 3-94 所示为花瓶造型设计，花瓶表面采用具有起伏的线型，使产品形态更加具有方向感与体积感。

如图 3-95 所示，设计师完全利用直线元素，巧妙地将金属钢管焊接成型，不仅体现出严谨理性的秩序感，更能体现出一种简约的几何美学。

图 3-94　花瓶表面的具有起伏的线型

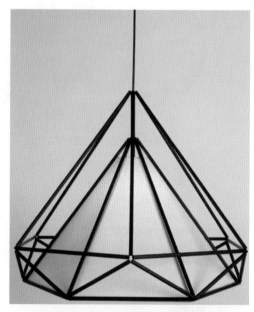

图 3-95　利用金属钢管焊接成型的灯具

图 3-96 所示，图中的座椅利用不规则的线型进行组织与规划，形成一种自然的视觉效果。

图 3-97 所示，图中的灯具利用木材材料进行横向切割，形成线的组织效果，将内部光源投射出来，形成规律的视觉效果。

■ 产品设计中线元素应用案例 6—— 索纳塔汽车外观设计

如图 3-98 和图 3-99 所示，图中为第八代索纳塔外观设计，其外观以 Fluidic Sculpture 流体雕塑为理念，车身设计有明显的运动风格，锋利的气流划过车身，留下优美的肌肉线条，力量感十足。狭长的鹰眼大灯看上去极为犀利，眼角锋利的线条直接嵌入前保险杠，与凹陷的前雾灯呼应，让前保险杠在视觉上隆起，更加立体。巨大的镀铬进气格栅造型灵感来自于雄鹰展翅飞翔的姿态，凹凸有致的前保险杠让前脸看上去很有立体感。内饰也体现了"流体雕塑"的设计理念，整体内饰氛围一改老款车型沉闷老旧的样式，驾驶舱变得相当前卫，可以让驾驶更有乐趣。

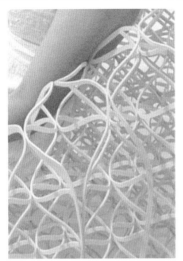

图 3-96　座具设计中的线元素

图 3-97　灯具中的线元素

图 3-98　索纳塔外观造型设计 1

图 3-99　索纳塔外观造型设计 2

■ 产品设计中线元素应用案例 7——鸟巢体育馆

如图 3-100 和图 3-101 所示为赫尔佐格与德梅隆设计的"鸟巢"国家体育场，运用钢架"编织"的方式设计出具有强烈视觉冲击力的建筑表皮，营造出一种极强的穿透意象。建筑形体通透，观众的视觉在通透、透明的多重表皮与多层空间中穿越，内部空间与外部空间相互映衬。通过编织的效果，使建筑内部与外部环境以及观众形成视觉与情感的互动。

图 3-100　鸟巢体育馆夜景

图 3-101　鸟巢体育馆

3.4　面元素特征与作用

3.4.1　面元素的特征

面的几何学定义认为，面是由线的移动轨迹所形成，面只有长度和宽度，没有厚度，面也可以是立体的断面、界限和外表。

在立体形态造型中，面是具有长度、宽度和深度三维空间的实体。三维空间中的"面"，如果其厚度、深度、高度与现实环境相比较，能够具有面的特征，都可以属于面的范围。

◼ 面元素的特征案例

面具有较强的延展感，有更多的构成体块的机会，只要把面进行简单的加工，就可以产生体块。面具有较强的视觉感，能较好地表现立体形态中的肌理要素。此外，由于加工技术的发达，面材能够轻易地被弯成曲面或折面等形态，如图 3-102 至图 3-104 所示。

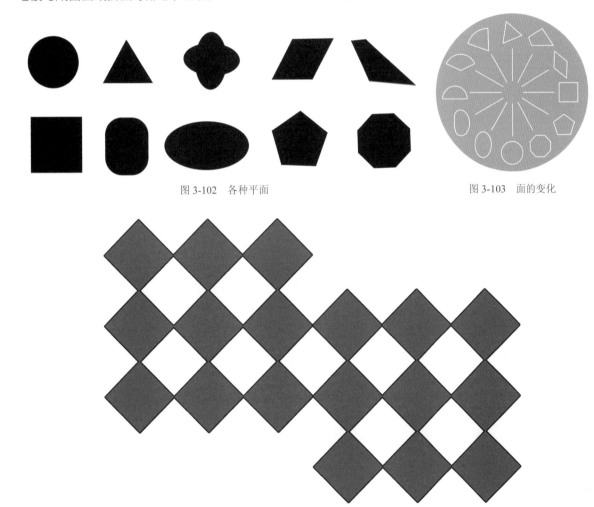

图 3-102　各种平面　　　　　　　　　　图 3-103　面的变化

图 3-104　几何形状的平面

◼ 面的形成案例

线通过移动形成面，直线平行移动形成正方形或矩形面；直线回转运动形成圆形或扇形面；直线倾斜移动形成棱形面，如图 3-105 至图 3-107 所示。

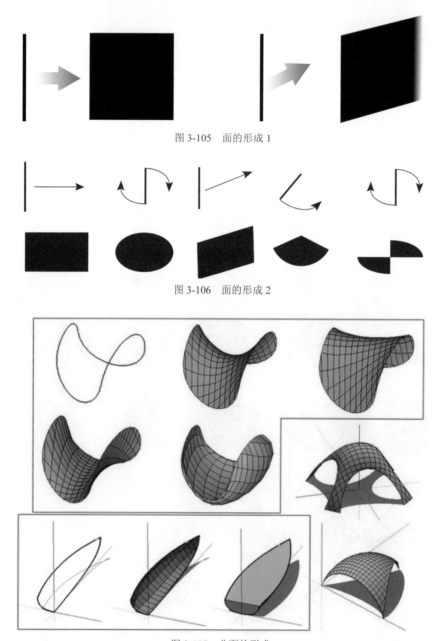

图 3-105　面的形成 1

图 3-106　面的形成 2

图 3-107　曲面的形成

3.4.2　面元素的作用

1. 塑造形态

面通过轨迹运动可以形成体，任何形态都是由面构成的。因此，面可以塑造各种形态。

2. 表达情感

面有很多种类，不同形状的面给人不同的视觉感受，如平面，整齐干净、稳定硬朗，并具有延伸感；自由曲线面，自然活泼、丰富温柔，同时比例、形状、颜色、质感等要素也是影响面的心理感受的重要因素，如不同长宽比例的面能产生方向感；不同围合度的面能产生封闭或开放感；不同色彩的面能产生不同的重量感等，如图 3-108 和图 3-109 所示。

图 3-108　曲面的应用 1　　　　　　　　　　　　　图 3-109　曲面的应用 2

3.4.3　面的材料

　　面材是最主要的造型材料。面立体形态的常用材料有纸、布、皮革、木板、薄木板、有机玻璃、塑料板材、金属板等，如图 3-110 至图 3-112 所示。

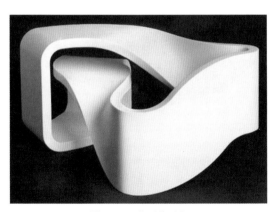

图 3-110　曲面的形态

图 3-111　平面的组合形态

图 3-112 平面的折叠形态

3.4.4 产品形态中的面

产品造型与形态中，包含很多面，如平面、折面、曲面、复合面等形式。它是产品形态的外表，具有支撑与美化产品的作用。

■ 产品设计中面元素应用案例 1——折面鼠标设计

如图 3-113 和图 3-114 所示的鼠标采用折面设计，很有视觉冲击力。

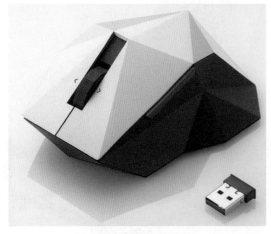

图 3-113 鼠标的形态设计 1

图 3-114 鼠标的形态设计 2

■ 产品设计中面元素应用案例 2—— 旋转面形成的表

如图 3-115 和图 3-116 所示为两款表盘设计，都是以一个形体为单位，以同一个中心点进行 360° 旋转，由于单位物体的形态不同，旋转之后形成的形态也不同。

图 3-115 表盘设计 1

图 3-116 表盘设计 2

■ 产品设计中面元素应用案例 3——背包设计

如图 3-117 所示的背包，采用三角形面片形状连接，通过连接线，背包可以任意随包内的物体变换形态，自然巧妙，体现出形态的魅力与功能。

3.5 体元素

3.5.1 体的特征

在几何学中，体是具有位置长度、宽度及深度的三次元元素，但无重量。

在立体形态中，体是由面经过运动形成的实体。它具有充实感与厚重感。体（块）能最有效地表现空间立体，同时呈现出极强的量感。在立体形态中，物质实体的体与量是不可分割、相互共存、相互依赖的关系。体是指物质的三度空间体积的外在，量是由体所赋予的物理和心理上的特征。

尽管体的形态各异，但都可以还原为球形体、锥形体与正方体等几何形体，这三种形体也正犹如色彩学中的三原色，是构成形体世界的三原体，如图 3-118 所示。

图 3-117 背包的形态

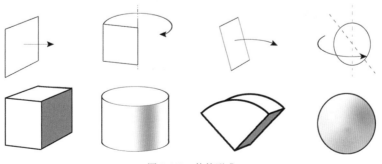

图 3-118 体的形成

3.5.2 体的材料

体是点、线、面最终形成的展示结果。因此在材料上的选择可以多样化,如木材、金属、塑料、石材、纸材等。

由于不同材料所表现出的质感不同,如石材造型或表面粗糙的造型具有坚硬、厚重、内部充实的质觉,而塑料造型或表面光滑的造型有较轻快的质觉。因此在表现作品时,必须重视对于整体造型的推敲和表面的处理,如图 3-119 至图 3-123 所示。

图 3-119　体的形态 1

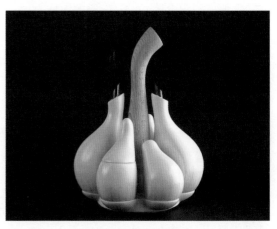

图 3-120　体的形态 2

图 3-121　体的形态 3

图 3-122　体的形态 4

图 3-123　体的形态 5

3.5.3　产品形态中的体

如图 3-124 所示，同样是水壶的造型，却拥有各种各样的形态，可以是圆柱形，也可以是圆锥形，还可以是自由曲面形态，但无论哪种造型，最终都要符合产品的功能，以满足人的使用需求为第一要素。

图 3-124　各种水壶的造型

如图 3-125 至图 3-128 所示为不同产品的形态特征。

图 3-125　空气净化器

图 3-126　电子产品外观设计

图 3-127　吸尘器

图 3-128　座椅

■　产品体态特征案例——不同品牌汽车体态分析

　　如图 3-129 和图 3-130 所示为两款不同品牌的汽车造型设计。车身结构完全一样，但是对于整体的视觉感受却是不一样的。图 3-129 中的汽车在整体造型上体现一种圆润的形态，车身线型也采用流畅的曲线；而图 3-130 中的汽车则具有一种硬朗的形态，在车身的结构线以及装饰线上选用直线，体现出棱角分明的视觉形象。可见对于同一产品，选用不同的形体构成元素，可以塑造出不同的造型，并传达出不同的视觉形象。

图 3-129　车型的圆润形态

图 3-130　车型的方正形态

■　产品形态综合案例——宝马概念车 Vision Next 100 形态分析

　　如图 3-131 至图 3-133 所示为宝马概念车造型设计。宝马汽车基于对未来汽车外形的展望，推出全新概念车型 Vision Next 100。

　　这款概念车在整体造型上非常前卫，运用多种设计元素。在材料上选用弹性钣金件将车轮覆盖，目的是要让车身呈现出完美的流线型，具有更低的风阻，此设计是 Vision Next 100 概念车风阻系数仅 0.18 的功臣之一。而当转向时，犹如鱼鳞片的弹性钣金件会随车轮伸缩摆动，时刻将车轮包覆在内，而车后方设计有开孔来协助刹车系统散热。

图 3-131　宝马概念车造型设计

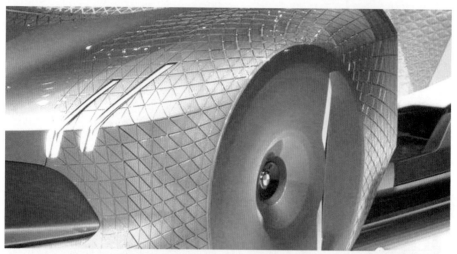

图 3-132　宝马概念车局部造型设计细节

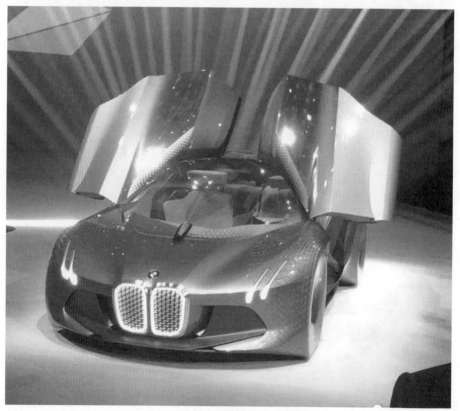

图 3-133　宝马概念车造型、结构与细节展示

　　整体汽车外观钣金件全由碳纤维和塑料打造。宝马公司希望通过这项设计，传达出宝马公司对未来汽车造型的引领趋势，这也说明未来的汽车在生产方式和制作材料上都会有很大的转变。尤其当下快速生产概念（Rapid Manufacturing）和 4D 打印愈来愈普及，目前主流的钢材则会被碳纤维和塑料钣件取代，其中质轻、高强度的碳纤维会被使用在车体主结构，车上与安全无关的部分则会用车体主结构剩余的碳纤维材料制成，提高资源利用率。

　　Vision Next 100 概念车的上掀鸥翼车门，在感应到智慧型钥匙时便会自动开启，坐进车内后，系统会自动读取智慧型钥匙的资料，自动将方向盘、座椅以及中央扶手与鞍座调整至最适合驾驶者的位置。

3.6　本章总结与思考

3.6.1　本章总结

本章通过理论讲解，对立体形态中的点、线、面、体的形态要素进行全面解读。我们通过文字讲解与图例欣赏，掌握了立体形态中的点、线、面、体的特征、规格、作用以及应用原则。在此基础上，要能够很好地理解各个要素之间的区别与联系，并能将其完整综合地运用到产品设计实际案例中，从而发挥出各个元素的重要作用，也为下一章节的学习打下基础。

3.6.2　思考题

(1) 形态的构成要素有哪些？

(2) 产品造型中的构成要素有哪些？

(3) 如何理解产品造型中点元素的应用？请举例说明。

(4) 如何理解产品造型中线元素的应用？请举例说明。

(5) 产品造型设计中面元素包含哪些？

(6) 曲面在产品造型设计中的作用有哪些？

(7) 如何理解产品造型中体的概念？举例说明。

《第 4 章》
产品造型设计美学法则

形式美学法则是人们在长期生活实践中总结出来的美学规律。人们通过对大自然美的规律进行研究、分析、概括及提炼，最终形成了具有普遍性的审美标准。形式美学是人们对美的概括与反应，是对各种美的形式进行总结，从而形成普遍的规律，也是指导人们创造美的形式法则，设计者再通过这些美学法则来指导造型实践活动，也就形成了设计美学法则。设计美学的社会性已经体现出它自身的特点，即设计美感要具有普遍性。哲学家康德曾提出"美是不涉及概念而普遍地使人愉快的。"因此可见，美感既是客体的、主观的，但又是具有普遍性与客观性的。将设计美学法则运用到产品造型与形态设计活动中，也就形成了产品造型与形态设计的美学法则。

产品造型与形态设计不能只停留在物理体积建构与技术制造层面上，还要为产品提升美的艺术感染力，使产品具备实用与审美的双重功能，并带给人们美的享受。所以设计者对产品造型与形态的设计就必须深入产品形态内部去探求其本质及规律，有意识地运用美学法则去巧妙设计产品的造型与形态，最终实现产品的实用功能与审美功能的和谐与统一。

因此，产品造型与形态美感表达要运用美学法则与规律，如变化与统一、均衡与对称、节奏与韵律、疏密与粗细等，以此对产品形态进行规划，如产品的材质、结构、性状、功能等与其外在的部分如形、色、光泽、式样、光洁度、平整度、精密度、手感以及包装等进行通盘考虑与设计，使它们各部分和谐、共生在一个整体中，以此创造出美好的产品形态。

4.1　变化与统一

4.1.1　变化

变化是指形式的不同、差异和多样化，其强调各要素内部的差异性或者造成变异，以此引起视觉的注意。变化可以产生灵动活跃的视觉感，能够消除呆板、枯燥感。一件优秀的作品，通过赋予变化的元素，可使整体处在灵动之中，更加吸引人们的注意力。变化包含形的变化、色彩的变化、材料的变化、肌理的变化等。例如，形状之间的差异是造型的变化、方位之间的差异是方向的变化、颜色之间的差异是色彩的变化，材料之间的差异是材质的变化等。变化可以打破整体平淡的视觉效果，创造新的视觉中心点，引人注目，如图 4-1 至图 4-6 所示。

图 4-1　方向的变化

图 4-2　大小与位置的变化

图 4-3　大小与色彩、位置的变化　　　　　图 4-4　大小与色彩、位置、方向的变化

图 4-5　形状与色彩的变化

图 4-6　材料与位置的变化

■　变化在造型设计中的应用案例 1——建筑外延设计

如图 4-7 所示为建筑的外延设计。阳台的设计选用凸起的立方体造型，并且每一个窗口朝向都不相同，这是形态、方向的变化。在色彩上又选用绿色与黄色营造差异，这种形态、方向及色彩的综合变化产生了一种极其强烈的运动感。这就是形、体、方向及色彩的综合变化。

图 4-7　建筑外延设计

■ 变化在造型设计中的应用案例 2 ——台灯设计

如图 4-8 所示为台灯设计，底座的形态设计本身富有极强的变化感，再通过赋予其鲜艳的色彩，让其与灯罩及整体环境形成极强的视觉差异，突显了产品的亮点，更增添了趣味性。

4.1.2　统一

统一是指同一个要素在同一个物体中多次出现，或者在同一个物体中，不同的要素趋向或安置在某个要素之中。它的作用可以使形体产生秩序感与稳定感，富有条理性，使整体趋于一致，营造宁静、安定的美感。例如，形状相同是造型的统一；朝着相同方向发射是方向统一；橘红色与朱红色搭配是色彩的统一；木材与木材搭配又是材料的统一。总之，统一能够带给人整齐、稳定、协调、安静、舒适的感觉，是产品造型与各项造型艺术常用的法则，如图 4-9 至图 4-12 所示。

图 4-8　台灯设计

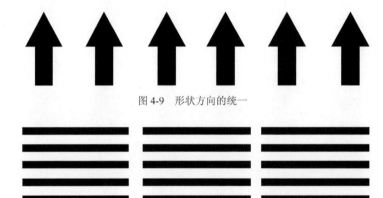

图 4-9　形状方向的统一

图 4-10　线型的统一

图 4-11　色彩与形状的统一

图 4-12　色彩与形状及方向的统一

■ 统一在造型设计中的应用案例——建筑外延

如图 4-13 和图 4-14 所示为建筑的外延设计，在色彩、材料、形状以及方向都保持一致，体现一种秩序感与稳定感。

图 4-13　建筑外延设计 1

图 4-14　建筑外延设计 2

4.1.3　产品造型中的变化与统一

　　变化与统一是造型设计中的一对矛盾体，变化是寻求差异，而统一是寻找其内在联系。它们既是美学法则中一个重要的方面，又是最高的形式美学法则，在优秀的产品造型与形态设计中往往得到极佳的体现。

　　成功的产品造型与形态设计总是将构成其内外造型元素组织得简洁而有序，使各元素都富有变化，而又融于统一。对产品造型与形态来讲，变化是寻求产品中各种元素之间的差异性，包括点、线、面、体、色彩、空间、质感、肌理以及方向等任何元素的变化。而统一是在寻找它们中间的稳定因素，以此营造和谐的美感与秩序感。产品设计形态要富有变化，但过于多样，易杂乱无章、涣散无序、缺乏和谐；而仅仅有统一没有变化，则会使产品形态单调、死板、乏味，缺少丰富性，更会失去长久的生命力。因此，在产品造型与形态设计中，变化与统一要相结合，互相"约束"与"限制"，才会创造出丰富多彩又和谐的美感。

　　■　产品造型中的变化与统一要素案例

　　如图 4-15 所示，图中的点元素保持统一，体现一种规律感。

　　如图 4-16 所示，同样的元素，只是将点元素进行位置变化，并保持规律，便体现出一种微妙变化，同时又保持着统一。

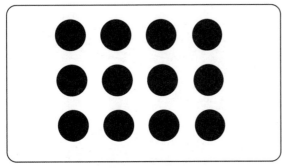

图 4-15　产品造型中元素的统一

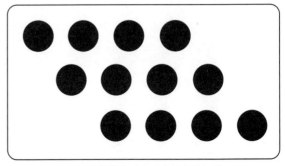

图 4-16　产品造型中元素的变化与统一

1. 形式的变化与功能的统一

产品功能决定形式，是产品设计以及工业设计实践活动的主旋律。我们要时刻记住，产品的功能在整体设计活动中属于主导地位，它对产品的形式起到决定性作用，即内容决定形式。无论哪种产品，外形的变化都要依据其内部结构、功能而定，绝不能脱离功能"任性"地去造型。因此，功能的变化决定形式的变化，形式的规律变化要统一在功能、结构的制约中。

■　形式的变化与功能的统一应用案例——收音机的造型设计

如图 4-17 和图 4-18 所示为收音机造型与形态设计，整体造型采用立方体形态。首先，在外形的轮廓线中进行巧妙设计，将弧线与直线结合，富有变化。其次，在面板的设计上更加新颖，艺术化地采用点元素的放射性渐变，既有方向的变化，又有大小的变化，体现出一种形式美与运动美。而这样的形式变化正与收音机的播放功能十分吻合，仿佛播放出的声音带有一种韵动之美，体现出形式的变化与功能的统一原则。这样的设计不仅丰富了产品的细节，更带给人一种高端、独到的视觉享受。

图 4-17　点的辐射

图 4-18　收音机设计

2. 形态的局部变化与产品整体的统一

在产品造型中，要将产品根据组件不同可以分为若干部分。这些造型的构成单元，既要有形式的多样性，又要具备共性。因此，作为设计者要将各要素巧妙地、协调地组合在一起，构成和谐的整体形象。要妥善处理好"形""体""色""质"的关系，以此获得活泼和谐的视觉效果。

■　形态的局部变化与整体统一案例 1——国际象棋棋子的造型设计

如图 4-19 和图 4-20 所示为国际象棋棋子设计案例。该设计对传统棋子进行新的形象设计，针对不同棋子的功能，高度提炼视觉语言，设计出新的视觉形象。虽然每个棋子的造型都富有变化，但都是从同一个基本形态出发进行演变，将变化融入统一的视觉感中。

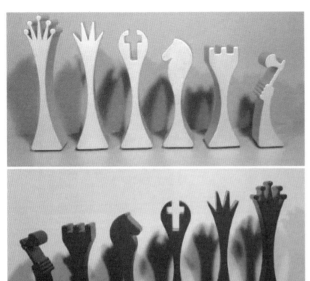

图 4-19 国际象棋棋子形态设计 1　　　　图 4-20 国际象棋棋子形态设计 2

■ 形态的局部变化与整体统一案例 2——厨房用具造型设计

如图 4-21 所示为系列厨具的设计，同样采用形态的局部变化与整体统一的方法，每一款餐具在自身形态上都有变化，但是在整体上都保持统一的系列特征。

图 4-21 系列厨具形态设计

3. 色彩的变化与整体统一

色彩的变化与统一是产品设计中重要的方法，色彩要从它的用途、使用环境、对使用者的心理作用等角度进行设计。微妙的色彩变化可以起到画龙点睛的功效，色彩不宜过多，其变化必须借助统一的原则，使不同色彩形成整体视觉效果。

■ 色彩的变化与整体统一案例——彩色智能穿戴设备的造型设计

如图 4-22 所示为彩色智能穿戴设备。该设计采用耐用仿尼龙电镀铝材质，共有五种绚丽颜色，利用随附的佩戴夹可以轻松地把它固定在任何地方，例如牛仔裤的口袋中，或者夹在袜子或皮带上。

如图 4-23 所示为数字控制器的色彩设计。该设计对旋钮的颜色选用鲜艳的色彩，突出重点，并在整体中形成变化之美，体现出大统一、小变化的原理。

如图 4-24 所示为电水壶的外形色彩应用，鲜艳的色彩提升了产品的视觉形象。

图 4-22 智能穿戴设备色彩设计

图 4-23 数字控制器色彩设计

图 4-24 电水壶色彩设计

4. 风格的变化与整体统一

"风格"这一词汇被广泛用于描述不同事物的特征，如建筑物的风格、文学的风格、行为的风格、衣着的风格等。其最初是作为研究艺术手段而产生于美术、音乐、舞蹈、绘画、雕塑等领域。学者们使用这个概念来区分不同的艺术形式或同一艺术形式中不同作品之间的差别。美学家们使用"风格"概念区分不同时期、群体或者个人作品，并提出"风格"是以反复出现的典型共性特征为标志的，所以风格可以被看作设计过程的一个要素。

风格也是一种独特且可辨识的设计方式，这种方式在设计过程中被反复地使用，由此产生了产品的共性特征。产品表现出来的造型风格给使用者不同的感受，而造型风格的建立是由产品的物理特征，即形态、色彩、材质、纹理、环境等与使用者的心理意象所共同构成的。造型是产品的审美表现，风格是产品的精神依托，二者缺一不可。风格需要造型来传达，造型失去了风格特征便会毫无生命力可言。鉴于现在产品的精神功能发挥的地位越来越重要。产品造型与形态要保持变化，但在风格上要保持一致感。

■ 风格的变化与整体统一案例——奔驰全新 S 级 Coupe 概念车

如图 4-25 和图 4-26 所示为亮相法兰克福车展的奔驰全新 S 级 Coupe 概念车。车身线条依然保持了奔驰 S 级轿车的优雅端庄，但一字式的前保险杠突显了其运动风格；尾部排气管采用了隐藏式的设计，尾灯的造型与奔驰 S 级有一定的区别。车头设计极具侵略性，夸张的前保险杠、发动机盖上隆起的线条、大尺寸的轮圈、修长的 LED 尾灯都让新车一改上一代文质彬彬的形象，创造出一种新的运动风格。

图 4-25 奔驰新款概念车 1

图 4-26 奔驰新款概念车 2

5. 材料肌理的变化与整体统一

肌理、质感是现代设计中不可忽视的造型元素，如凹凸、软硬、光滑粗糙、素面花面等。在产品造型与形态设计中，可以对材料与肌理进行搭配，营造一种变化之美。

■ 材料肌理的变化与整体统一案例——衣柜设计

如图 4-27 和图 4-28 所示为衣柜的设计。该设计巧妙地选用条状半透明材质做门帘，材质

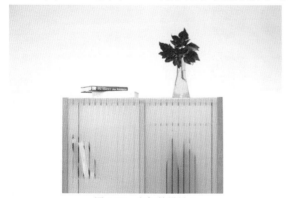

图 4-27 衣柜的设计 1

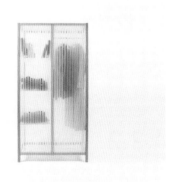

图 4-28 衣柜的设计 2

的特性可以将柜子内的衣服"半隐藏"起来，产生一种朦胧感，形成统一的视觉效果。这就是材料在产品设计中起到的变化与统一功效。

如图 4-29 所示为玻璃瓶的肌理设计，整体既有变化又形成统一。

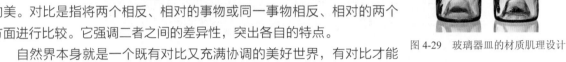

图 4-29　玻璃器皿的材质肌理设计

4.2　对比与协调

4.2.1　对比

对比与协调的美学规律是指在矛盾中寻求统一，在统一中体现对立的美。对比是指将两个相反、相对的事物或同一事物相反、相对的两个方面进行比较。它强调二者之间的差异性，突出各自的特点。

自然界本身就是一个既有对比又充满协调的美好世界，有对比才能在统一中寻求变化。在造型设计中，可以形成对比的因素有很多的，如曲直、黑白、动静、隐现、薄厚、高低、大小、方圆、粗细、亮暗、虚实、刚柔、浓淡、轻重、远近、冷暖、横竖、正斜等，如图 4-30 至图 4-34 所示。

　🔳　对比案例——图解对比法则

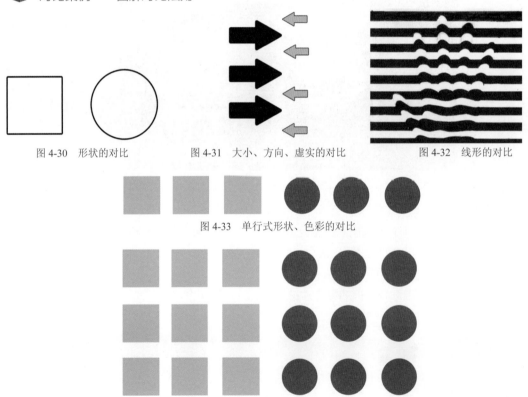

图 4-30　形状的对比　　　图 4-31　大小、方向、虚实的对比　　　图 4-32　线形的对比

图 4-33　单行式形状、色彩的对比

图 4-34　阵列式形状、色彩的对比

4.2.2　协调

协调是将产品造型与形态中各种对比因素的差异性进行缩小，并做整合处理，使产品造型与形态中各种对比因素互相接近或形成中间的逐步过渡，从而能给人以柔和的美感。

协调注重形态的共性与融合，强调相互的内在联系，追求统一的效果，借助相互之间的共性以求得和谐之美。协调也能避免产生杂乱无章、琐碎凌乱的感觉。如大统一、小变化即在协调中求对比，大变化、小统一即在对比中求协调，这是进行产品形态设计及立体形态设计中常用的方法。

对比与协调不仅是对结构、形态、色彩、材质等多方面的协调，还包括与环境的对比与协调，环境不仅是指我们所处的自然环境，也包含人文环境等。

■　协调案例 1——图解协调法则

如图 4-35 所示为形状的协调。

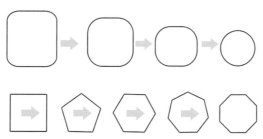

图 4-35　形状的协调

■　协调案例 2——蒙德里安的著作

蒙德里安的著作《构成 A》(Composition A) 是一幅属于新造型主义的创作，蒙德里安在白色的画布上，用水平和垂直的黑线条去分割画面，没有用对角斜线，然后在那些分割画面中涂上色彩的原色，像是红色、黄色和蓝色。新造型主义的观念正好与当时的未来主义相反，它不是去把握生活的速度和动荡不安，而是去描写秩序，这种绘画看起来呆板，其实那些大小不一的方格、不同颜色及长短不同的线条所营造的和谐感，同样是色彩与形式的协调，如图 4-36 和图 4-37 所示。

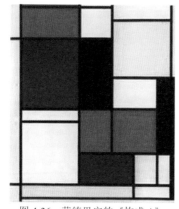

图 4-36　蒙德里安的《构成 A》

图 4-37　蒙德里安的《构成 A》色彩分析

■　对比案例——图解对比与协调的关系

如图 4-38 所示是绿色的正方形与红色的圆形，通过大小与位置的变化，可以使画面形成协调感。

如图 4-39 所示，我们可以分析一下图形从对比到协调的转化过程。左图中是绿色正方形与红色圆形进行阵列式对比，我们通过对其形状大小与位置的变化，即可产生如右图般协调的画面关系。

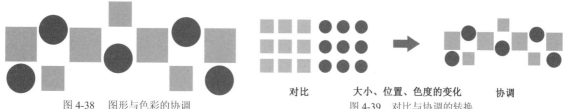

图 4-38　图形与色彩的协调

对比　　大小、位置、色度的变化　　协调

图 4-39　对比与协调的转换

4.2.3 产品造型中的对比与协调

在产品造型与形态设计中，对比与协调往往更注重形态间的形状、大小、颜色、材质、结构、肌理、凹凸、虚实、照明、环境的对比与协调。例如，光滑的表面与粗糙的表面进行对比与协调；粗犷的物体与纤细的物体进行对比与协调；圆润的形体与尖锐的形体进行对比与协调；柔和的表面与硬朗的细节进行对比与协调等，都能增加产品形态与造型的丰富性和特殊视觉效果。

巧妙地运用对比与协调可以使产品形成鲜明的对照，使造型主次分明，重点突出，形象生动。但是要注意度的把握，倘若使用过多的对比，会给使用者带来刺眼、杂乱无章等负面感受，因此要巧妙地将对比融入协调之中。

1. 形的对比与协调

形的对比与协调主要是指形状的选用与设计。如方形和圆形的对比与协调，相同形状不同面积的对比与协调，相同形状不同尺寸的对比与协调等。通过形状相应的属性变化，对其进行各种对比与协调，可以产生各种丰富的视觉效果。

▧ 形的对比与协调案例 1——饮水机的造型设计

如图 4-40 所示，图中饮水机外观造型与形态设计利用长方体的外形与中控区域的圆形进行对比，同时中控区域的圆形又采用正负形式，再次形成正与负、大与小的对比。这样的设计不仅使形态极为丰富，还能体现出产品的品质，再配合上鲜艳的红色与灰色的搭配，不仅使形与色的对比更加巧妙，更突出视觉中心，突出产品重点，形成极强的视觉冲击力。

▧ 形的对比与协调案例 2——水杯的造型设计

如图 4-41 和图 4-42 所示为两款水杯的形态设计。该设计均选用简洁的外形，但在简洁的外形中拥有小的变化，将小变化融入大统一中，使产品整体形态高雅而不失灵动。

图 4-40 饮水机形态设计　　图 4-41 塑料保温杯的形态设计　　图 4-42 玻璃水杯的形态设计

2. 色彩的对比与协调

色彩可以通过色相、明度、纯度进行对比与协调，可以产生刺激与柔和的视觉效果，如冷暖的对比与协调、色相的对比与协调等，如图 4-43 所示。

图 4-43 色彩的对比关系

■　色彩的对比与协调案例——生活用品的造型设计

如图 4-44 所示为一系列生活用品设计。该设计在每款产品造型上均选用单纯的形态设计。并没有烦琐的形式，但却配以艳丽的色彩，此外在背景色选用上，利用互补色的对比原理，搭配与外观颜色具有强对比的补色，形成一种形与色、色与色的整体对比，从而营造出视觉亮点。

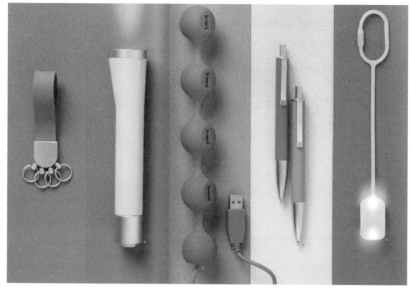

图 4-44　系列生活用品设计

3. 材质肌理的对比与协调

材质肌理的对比与协调是指对不同材质或者同一材质进行特殊工艺处理，再将其组合在一起，以产生新的协调感。

■　材质肌理的对比与协调案例——家具的造型设计

如图 4-45 至图 4-48 所示是一套将铝材和木材结合并进行对比的铸造家具，将焦木与铝材融入了美学和情感元素，铝材的冰冷坚硬与木材自然的肌理形成鲜明对比。

图 4-45　座具设计 1

图 4-46　座具设计 2

图 4-47　座具设计 3

图 4-48　座具设计 4

4. 虚实的对比与协调

在产品造型与形态中，我们可以借用绘画中的"虚实"原理。"虚"是指产品透明或镂空的部分，能够给人以通透、静谧之感。"实"就是指产品的表面实体部分，能够给人以坚实、厚重感。

■　虚实的对比与协调案例——家具的造型设计

如图 4-49 所示为产品平面图。深蓝色的区域为实体部分，白色区域相对来讲，就为"虚"的部分，形成虚实对比。

如图 4-50 所示，汽车的外壳属于实的部分。相对于外壳，车身、玻璃、车灯等就属于"虚"的部分；所以在产品造型设计中，要处理好虚实关系，这样可以起到提升产品品位的作用。

如图 4-51 所示，图中的净化器造型设计也很好地体现出虚实效果。

图 4-49　产品平面图设计

图 4-50　汽车设计

图 4-51　净化器造型设计

4.3　对称与均衡

4.3.1　对称

对称均衡法则来源于自然物体的属性，是动力和重心两者矛盾统一所产生的形态。

对称是形式美学法则中常用的法则，更是我们生活中常用到的审美方法。如人体和各种动物的正面形象、汽车的正视图、各种建筑以及大多数生活用品的造型都是遵循对称法则的。因为对称的形态能够营造良好的视觉平衡，并创造出稳重、高雅、庄重、严肃、规整、条理、大方、稳定的静态美，如图 4-52 和图 4-53 所示。

工业产品造型与形态设计大多采用对称法则，一方面是产品的物质功能所要求的，如飞机、汽车、箱包、水杯、电热壶、空调等；另一方面，对称的产品造型与形态能给人一种稳定的心理感受，即心理安全感，能使功能和造型达到和谐统一，如图 4-54 和图 4-55 所示。

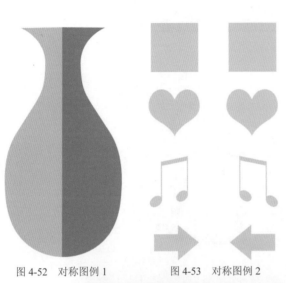 

图 4-52　对称图例 1　　　　图 4-53　对称图例 2　　　　　　图 4-54　飞机造型

图 4-55　汽车正面造型

4.3.2　均衡

均衡就是调整对比的程度，使之带来视觉上的舒适感。对比是相对的，有伸缩性的，可以是强烈的，也可以是轻微的；可以是显著的，也可以是模糊的；可以是简单明了的，也可以是错综复杂的。

均衡则是不对称形态的一种平衡，是静中之动，其能够营造轻巧、生动、富有变化、富有情趣的动态美，如图 4-56 和图 4-57 所示。

图 4-56　均衡图例 1　　　　　　　　　　　　图 4-57　均衡图例 2

4.3.3　产品造型中的对称与均衡

在产品造型与形态设计中，均衡主要是指产品由各种造型要素构成的量感，通过支点表示出来的秩序与平衡。量感就是指人的视觉对各种要素，如形状、色彩、肌理等要素和物理量，如面积、重量的综合感觉。大的形状与小的形状对比，可产生大的量感，明度高的形状比明度低的形状容易获得大的量感。

在产品造型与形态设计中，也要通过对比，如大与小、重与轻、疏与密等来使产品在体态上获得均衡的视觉效果。产品造型与形态设计是一项立体造型活动，要涉及外形、体量、材质、色彩等合理搭配问题。例如，不同材质在用户心中有不同的视觉与心理感受，或轻或重，或冷或暖，即使是同一种材质，也会由于面积与形态的不同而产生不同的重量感觉与冷暖感觉。因此将均衡原理具体化运用到多体态元素构成的产品设计中，对产品造型与形态设计起到至关重要的作用，这就要求设计者在设计过程中要协调处理好产品造型中的各个要素。

■　对称与均衡的案例——冰箱造型设计分析

如图 4-58 和图 4-59 所示为电冰箱的外观设计。该设计整体采用立方体造型，通过结构线以及门把手的合理布局，对整体进行区域划分，并对操作界面进行重点突出，使整体外形与形态具有均衡的视觉感。

如图 4-60 和图 4-61 所示，图中的自行车外形设计，将三角框架与车轮进行合理布局，体现出均衡的运动之美。

如图 4-62 至图 4-64 所示，图中这些产品的造型同样体现出对称与均衡的原理。

图 4-58　电冰箱外形设计

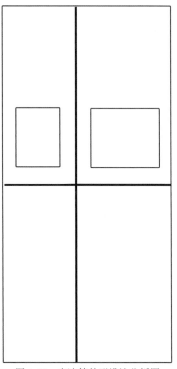

图 4-59　电冰箱外形设计分析图

图 4-60　自行车外形设计

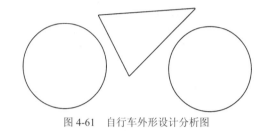

图 4-61　自行车外形设计分析图

图 4-62　办公座椅设计

图 4-63　水杯设计

图 4-64　代步工具设计

4.4　节奏与韵律

4.4.1　节奏

节奏是自然、社会和人的活动中一种与韵律结伴而行的有规律的突变，是客观事物运动的属性之一。它是一种带有自身规律的、周期性变化的运动形式。它与强烈的运动相比，更能表现生命的活力。例如，音乐的三要素就是节奏、旋律与和声。设计中的节奏与音乐中的节奏相通，我们可以从音乐中学习到很多东西，通过音乐可看出一个人对抽象世界的感悟，高山峻岭起伏跌宕的节奏变化是大自然的生气所在；城市中耸立的高楼错落有致，其中蕴藏的节奏展现出人类的创造之美。对设计元素中节奏的理解在某种程度上也是对抽象世界的感性理解，如图 4-65 至图 4-67 所示。

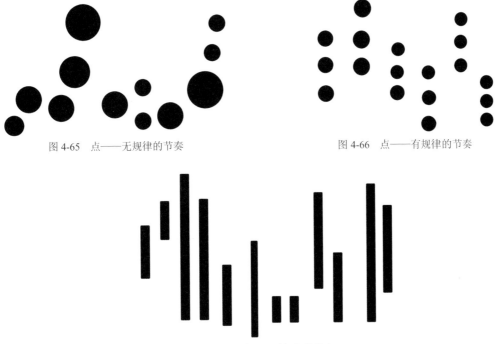

图 4-65 点——无规律的节奏   图 4-66 点——有规律的节奏

图 4-67 线——无规律的节奏

康定斯基在 1910 年创作了第一幅抽象水彩画作品。此画被认为是抽象表现主义形式的第一例，标志着抽象绘画的诞生。其以后的系列构图作品均纯粹以抽象的色彩和线条来表达内心的精神世界，画面蕴含着一种如同音符般的韵律，抽象的点、线、面在画面中无不体现着跳跃的节奏与韵律。

纵观中国传统纹样的风格，同样多是趋向简约。西周青铜器上的纹样经过推敲，有主次、有大小、有粗细线条变化地被反复排列装饰在不同的位置上，从而在视觉上给人带来有规律的节奏感。

如图 4-68 所示，图中建筑的外延象征性地被设计成钢琴键的形式，极具节奏感。

如图 4-69 所示为谷歌搜索引擎的标志设计，字母间的抑扬顿挫，也体现出虚拟的节奏，不同的节奏变化可以产生不同的表现特征和心理感受。

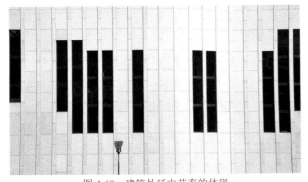

图 4-68 建筑外延中节奏的体现   图 4-69 谷歌标志

4.4.2 韵律

韵律是指在节奏的基础上更深层次的内容和形式抑扬节度的、有规律的变化与统一。韵律是节奏内涵的深化，是在艺术内容上倾注节奏以感情因素。它是一种有规律的重复、有组织的变化。一切要素只要有秩序、有规律地变化均可产生韵律美。

■ 韵律案例——图解韵律法则

连续韵律：造型要素，如体量、线条、色彩、质感等有条理的排列，称为连续韵律，如图4-70所示。

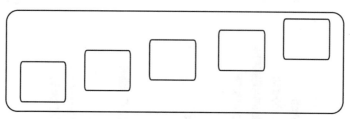

图4-70　连续韵律

渐变韵律：造型要素按照一定的规律有组织有变化地进行渐变，例如，大小的渐变、方向的渐变、位置的渐变等，如图4-71所示。

交错韵律：造型要素通过交错、组合产生韵律，如图4-72所示。

图4-71　渐变韵律　　　　　　　　　　　　　　　图4-72　交错韵律

4.4.3　产品造型中的节奏与韵律

产品形态设计中的节奏，是一种主要表现形式，有节奏才有韵律。

"节奏"是指在产品外形与形态中，将各元素通过巧妙安排，在有规律的变化中产生秩序感。对一些形态元素进行有条理的反复、交替、组织或排列，即可产生节奏感。节奏是运动的象征。一般可以把节奏分为紧张型和舒缓型两种。节奏的急缓是能通过多种方法实现的，可以是形态和色彩之间的转换，也可以是材料和肌理之间的转换，节奏需要在重复中实现，没有重复性就没有节奏的对比。节奏也意味着疏密、刚柔、曲直、虚实、大小、冷暖等诸对比关系的配置，而且可以突出造型中的某一特征，强调不同部分的共同因素，取得形体间的联系，以求得整体上统一的效果。

产品设计中的节奏与韵律，常常产生于产品内的基本单元或某一特征的规律安排，产生于大工业生产的标准化、通用化、系列化因素。因此在产品设计中，节奏与韵律美应充分应用其自身所蕴含的美感因素，同时要符合产品功能的目的性，而不能仅仅简单地去依靠节奏感的装饰图案去表现产品特征。

■　节奏与韵律在产品设计中的应用案例——展架造型设计分析

　　如图 4-73 和图 4-74 所示为展架设计。该设计的隔板利用相似的曲线形态，由大至小进行交错排列，体现出一种渐变的美。精细线形支架贯串组合，仿佛五线谱一般，精致的线形与灵动的曲线形态巧妙结合，再摆上心仪的装饰品，如同律动的音符，整体效果仿佛是谁奏响一首动人的乐章般。

图 4-73　展架设计 1

图 4-74　展架设计 2

■　动感节奏在产品设计中的应用案例——松果吊灯造型设计

　　如果说以上的案例体现的是舒缓的节奏，那么下面这款案例则体现动感的节奏。这款造型貌似朝鲜蓟与松果的吊灯，整座球状灯体以 72 个金属叶片包覆组成。依照不同的叶片尺寸顺序由上至下共分为 12 层，每层各有 6 片，每个叶片的固定位置与角度均经过精密的数学程序运算，使其如树叶般交错堆叠排列，建构出不仅能将直接光源隐藏于叶片中，更能透过叶片互相折射，使光源柔和而均衡地散布于空间中的美妙设计。不论从任何角度仰视，均不会看到令人刺眼的光源，更被誉为 20 世纪至今最经典的灯具创作。这款灯具也体现着动感的节奏感，如图 4-75 和图 4-76 所示。

图 4-75　吊灯设计 1

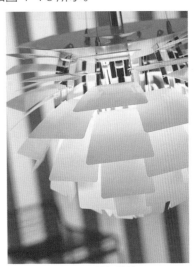

图 4-76　吊灯设计 2

在产品造型与形态设计上，韵律是以产品形体的薄厚、高低、大小、色彩的浓淡以及材质的粗细等视觉感受来表现的。因此设计师应当借助节奏美与韵律美，使产品形态形象化、生动化和规律化，富有节奏感和韵律感。

■ 韵律在产品设计中的应用案例 1——组合优盘设计

如图 4-77 所示为系列优盘设计。整体产品在色彩上选用明度与纯度相同的色调，仅仅改变色相，但使整体色彩协调柔和，并保持高雅的清新感。在造型上也进行连续性的设计，使多只优盘可以进行组合排列，产生新的形态，使整体设计无论是在形态上还是在色彩上都保持着极富韵律的视觉感。

■ 韵律在产品设计中的应用案例 2——音响设计

如图 4-78 所示，这款音响设计完全是按照中轴线，以中心为基准点进行有规律的旋转，形成了具有韵律感的旋转形态，使形态产生美感。

图 4-77　组合优盘设计　　　　　　　　　图 4-78　音响设计

4.5　比例与尺度

4.5.1　比例

世界上任何一种物体，不论是什么样的形状，都存在着三个方向，即长、宽、高。比例所研究的正是这三个方向度量之间的关系问题。尺度能使我们感觉到物体形态宏大的程度，与比例联系最为紧密。

人类文化发展史在不断前进，在这个过程中，我们要从中提炼精华，汲取传统文化与艺术中一切有价值的知识和观念来充实、发展现代民族文化精神。黄金比例作为一种和谐的比例关系，已渗透到了艺术与生活的各个领域，并产生了深远的影响。早在公元前 6 世纪，毕达哥拉斯从希腊音乐的和声学中发现了音乐与数学之间的关系，即音程与数的关系，音程与琴弦的长度有关。如果把整弦长度减半，它将会被奏出一个高八度音；如果缩短 3/4，就会奏出一个第四音；如果缩短 2/3，就奏出第五音，一个第四音和一个第五音，一起成为一个八度音——作为古希腊毕达哥拉斯学派的重要研究领域，其"数"被看作万物的本源，依照数的和谐比例关系建立了世界乃至整个宇宙。

随着毕达哥拉斯学派提出美在于形式的看法的同时，他们于公元前 6 世纪对正五边形和正十边形的作图法又进行了深入的解读和研究，并从中发现了"黄金分割律"以及与人体、绘画、音乐等比例关系相关的"数理形式"的美学定律，从而推导出：美是和谐与比例的结论。

抽象主义运动通过运用自然物的黄金分割和简单色块的变化，使画面达到高度的统一与和谐，因而在 20 世纪上半叶的视觉艺术领域成为一种潮流。文艺复兴时期，黄金分割率由阿拉伯人传到欧洲，并受到当地人极大的推崇，他们将其称之为"金法"；黄金比例受到了当时诸多学者和艺术家的推崇，被视为神圣的比例。达·芬奇认为人体可以形成极为对称的几何图形，如脸部可构成正方形，叉开的腿构成等边三角形，而伸展的四肢形成的图形更是希腊人所公认的最完美的几何图形——圆。达·芬奇亲手绘制的《维特鲁威人》是比例最精准的人性蓝本，画中的男性被公认为是世界上最美的人体比例，被冠以"完美比例"之称。没有人比达·芬奇更了解人体的精妙结构，它是宣称人体结构比例完全符合黄金分割率的第一人，随后哲学家、数学家、艺术家分别从不同的领域、视角对相关的人体比例关系进行了深入的探析。至近代九、十世纪末，美学之父亚历山大·哥特利市·鲍姆嘉通再次强调了秩序的完整性和完美性的思想，鲍姆嘉通对秩序美的肯定不仅使他的美学观点得到进一步推进，同时也对现代实践美学的构建起到了一定的启示作用。

西方优秀的古典建筑的设计都表现出简洁的比例关系，柯布西耶继承了这个传统，在著名的《模度》一书中，阐述了他对比例观念的理解与强调。他提出基本比例关系有三，分为固有比例、相对比例及整体比例。固有比例是指一个形体内在的各种比例，如长、宽、高的比例。相对比例是指一个形体和另外一个形体之间的比例。整体比例是指在整体空间中，组合形体的特征或整体轮廓的比例。在设计中应该尽量使每个视角看起来都要充满比例的美感，不要乏味。例如，从水平和垂直方向观察。要注意三种比例间之间的关系，使它们之间达到和谐的状态。

如图 4-79 和图 4-80 所示，这座古希腊建筑使用了黄金比例作为尺寸比例关系。而后来的新古典主义建筑风格同样遵循了黄金比例。

图 4-79　古希腊建筑使用了黄金比例作为尺寸比例关系

4.5.2　尺度

形式美学原则中的另一个重要因素就是尺度。

尺度是构成和谐空间的必不可少的一个因素。如果说比例主要表现为各部分数量关系之比，是相对的，可不涉及具体的尺寸，那么尺度则要涉及真实尺寸的精准度。

比例和尺度关系密切。尺度是单位测量的数值概念，规定形体在空间中所占的比例。人们感觉到某物体巨大，这是指在规定的空间中它占去了大部分空间。一个物体如果超过规定的体量，会将其他物体的空间挤压，使各个元素在空间中失衡。立体空间构成在整体体量上的大小和各元素的尺度也需要考虑。构成体的体量与材料的运用是有联系的。在体量的规定下，材料规格上的考虑也有着重要的意义。

如图4-81所示为不同家具的尺寸要求。

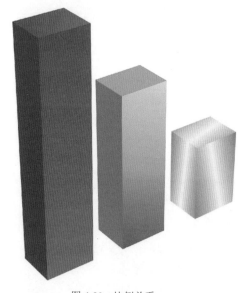

图4-80　比例关系

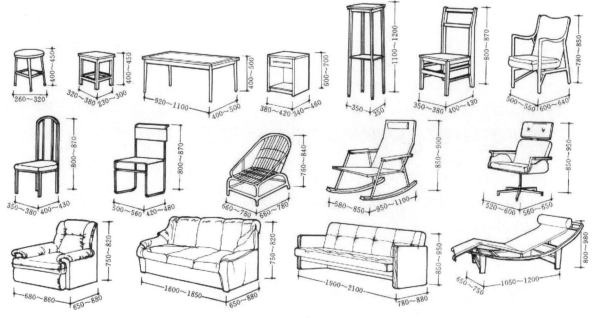

如图4-81　不同家具的尺寸要求

4.5.3　产品造型中的比例与尺度

在产品设计中，比例是指产品各形体部分与部分、局部与整体数量上的数比关系，能体现出形态的和谐美感。简洁的工业产品由于具有和谐的比例关系，受到人们的喜爱。简洁明快的比例更容易被人们所接受。

所以产品造型设计要体现合理与简洁的比例关系，一切比例与尺度都要符合人的尺度与感受，使人可以舒适地使用产品，如图4-82至图4-84所示。

图 4-82 吸尘器造型设计中的尺度与比例关系　　　　图 4-83 播放器造型设计中的尺度与比例关系

图 4-84 汽车造型设计中的尺度与比例关系

4.6 本章总结与思考

4.6.1 本章总结

通过对本章的学习，我们了解了产品造型的形式美学法则。形式美学法则是人类在长期生活实践中总结出来的美学规律。我们要通过对大自然美学规律以及人类总结出的美学规律进行研究、分析、概括及提炼，形成具有美学价值的美学法则，以此来指导产品造型实践活动。我们要充分地理解设计美学的社会性，即设计美感要具有普遍性。所以我们要充分利用对立与统一、整体与局部、安稳与轻巧、比例与尺度、平衡与均衡等美学法则，将设计美学法则运用到各种产品造型与形态设计活动中，塑造出具有美学价值的产品形态与产品造型。

4.6.2　思考题

1. 如何理解美学法则?

2. 美学法则与美学规律有何区别与联系?

3. 如何理解形式的变化与功能的统一？请举例说明。

4. 如何理解形态的变化与统一？请举例说明。

5. 如何理解色彩的变化与统一？请举例说明。

6. 如何理解风格的变化与统一？请举例说明。

7. 如何理解材料肌理的变化与统一？请举例说明。

8. 如何理解对称与均衡的关系？请举例说明。

9. 举例说明节奏与韵律在产品设计中的应用。

10. 举例说明比例与尺度在产品设计中的应用。

《第5章》
产品造型与材料

5.1 材料在产品造型中的作用

在人类发展历史的漫漫长河中，材料的使用、开发和完善始终贯串其中。材料早已成为人类赖以生存和改善生活的物质基础。人类在经历了石器时代、陶器时代、铜器时代和铁器时代后，步入了人工合成材料时代，未来更是新材料和新工艺被广泛使用的时代。

5.1.1 材料是产品造型的物质基础

在产品造型设计活动中，材料是用以构成产品造型与形态，且不依赖于人的意识而存在的物质，它是产品造型设计活动的物质基础。随着科学技术的发展，新的材料不断地被开发，这对产品造型设计有着极大的推动作用。产品形态的实现离不开材料，材料是产品造型设计与形态表达的物质基础与载体。材料的种类丰富，不同的材料能给人带来不同的视觉感受，也有不同的加工与成型方法，例如塑料易于弯曲、水泥利于浇注、金属利于切割等，这就促使产品的造型会形成不同的形态。

每一种新材料的发现和应用，都会产生与之对应的成型方法和加工工艺，从而促使产品结构发生着巨大的变化，并形成新的设计风格。材料的发展不仅为产品造型设计带来新的飞跃，同时也对产品造型设计提出更高的要求。因此，设计师应该重视对新材料的探索，掌握不同材料的特性，了解各种材料的优缺点，以求在设计中更好地发挥不同材料的不同特性，从而达到最佳的设计效果。

5.1.2 材料为产品造型表达情感

产品造型设计除了要很好地满足产品的功能、基本成型方法对材料提出的要求，还要注重材料的质感、触觉等对产品造型起到的表现作用。材料在作为产品设计物质载体与表达形式语言的同时，更为人们提供了视觉与触觉上的体验，给予人们美好的感受。不同的材料使产品产生不同的视觉效果，同样使产品表达出不同情感，如图 5-1 所示。

图 5-1 材料与产品造型的关系 1

5.2 材料与产品造型的关系

材料与产品造型设计之间的关系是相互刺激、相互促进的。材料的使用与产品造型设计相呼应，而产品造型设计也促使着材料技术不断发展。设计会促进传统材料的开发，使之在现代生活中具有新的意义。材料在产品与产品功能相适应的同时，更要具有良好的质感和可加工性。

产品造型与形态要在材料的合理使用下更具有时代感，这就要求设计工作变得更科学、更合理。在产品电子化、集成化和小型化的发展趋势下，产品造型设计将会与材料开发建立一种更加紧密的关系。未来将通过对新材料的开发与使用，使材料顺应时代的变化，从而赋予产品新的魅力，如图5-2所示。

图 5-2 材料与产品造型的关系 2

🔲 材料在产品设计中的作用案例——苹果电脑造型设计分析

对产品设计师来讲，在研发过程中无论是天然材料还是人造材料，不仅要关注材料的固有性能，还应该注意材料的形态、色彩以及空间构成中的组合表现。如苹果公司将透明鲜艳的塑料最先应用在家用电脑产品的外观设计中，从而彻底颠覆了电脑的传统形象，使电脑不再是冷冰冰的高科技产品，而是工作的伴侣、娱乐的朋友和时尚个性的代名词，从而在全球范围内掀起使用透明材料的热浪。可见设计材料的科学美不仅表现在物质形态和物理化学特性上，更要体现出理性与感性相互交融的美学意境，如图5-3和图5-4所示。

图 5-3 苹果彩色透明材料电脑 1

图 5-4 苹果彩色透明材料电脑 2

随着人类对大自然的不断探索与科学技术的飞速进步，造型材料类型变得越来越丰富，这些新颖的材料为设计师提供了丰富的资源，也对设计师提出了更高的要求，要求设计师要创造出符合时代步伐的经典设计作品，这就要求设计师必须在掌握现代设计观念和设计手段的前提下，尝试材料的新异性、感受材料的丰富性、把握材料的合理性，充分认识各种新材料的基本性能和感觉特性，不断加强探索与应用各种新材料，这也是产品造型设计师须必备的能力。

5.3　材料的固有性能

5.3.1　材料的物理性能

材料的物理性能是指材料的质量、密度、透光率、吸水率、延展率、疲劳极限、耐磨性、溶解性、导电率、熔点等。也包括材料的力学性能，它所涉及的内容包含应力、弹力、抗拉强度、抗风强度、硬度、韧性、脆性、塑性、应变性能等。不同的材料具有不同的物理性能，如金属材料具有较高的强度和塑性，也具有良好的导热性和导电性；陶瓷材料坚硬，耐高温、耐腐蚀；塑料材料密度小、耐腐蚀、绝缘性好，所以每种材料的特性必须要被了解与掌握。下面对一些材料物理特性进行重点讲解。

1. 密度

密度是指材料在绝对密实的状态下，单位体积内所含的质量，即物质的质量与体积之比。

2. 强度

强度是指材料在外力（载荷）作用下抵抗明显的塑性变形或抵抗破坏作用的最大能力。材料抵抗产生明显的塑性变形的能力称为屈服强度。强度是评定材料质量的重要力学性能指标。材料的力学强度分为拉伸强度、压缩强度、弯曲强度、冲击强度、疲劳强度等。

3. 弹性

弹性是指在外力作用下产生变形，当外力消除后，材料能恢复原来形状的性能称为材料的弹性，这一变形称为弹性变形。

4. 塑性

在外力作用下材料产生变形，当外力取消后，材料仍保持变形后的形状和尺寸，但不产生断裂，这一变形称之为永久变形，材料所能承受永久变形的能力称之为材料的塑性。

5. 脆性与韧性

脆性断裂是指材料未断裂之前无塑性变形发生，或发生很小的塑性变形而导致被破坏的现象，如玻璃、铸铁等。韧性断裂是指材料断裂前产生大的塑性变形的断裂，如橡胶、软质金属等。

6. 硬度

硬度是指材料抵抗其他物体压入自己表面的能力，也指材料表面抵抗塑性变形和破坏的能力。

7. 熔点

纯金属由固态转变为液态的温度称为材料的熔点。

8. 耐热性

耐热性是指材料长期在热环境下抵抗破坏的性能，通常用耐热温度来表示。

5.3.2　材料的化学性能

材料的化学性能是指材料在常温或高温时抵抗各种介质的化学或电化学侵蚀的能力。化学性能是衡量材料性能优劣的重要指标。

对于产品造型设计而言，不同产品对其选择的材料应该有不同的化学性能要求。室外使用的物品，其材料应具有很好的耐腐蚀性和抵抗日晒的能力，如汽车表皮、户外座椅等，这些户外产品的材料要经得住日晒、雨淋，保持材料色彩与强度不变；而室内使用的物品则不然，但也有相应的要求，如鼠标与键盘的按键要经得住人手汗水和其他可能沾上物质的侵蚀；楼道的栏杆要具备高强度，不能像塑料杆一样，受到很小的力便会破碎，所以选择造型材料的时候，要根据产品的用途、使用环境、使用方式等综合考虑，科学选用合理的材料。

材料的化学性能都与材料的分子结构有着直接的关系。它主要包括耐腐蚀性、热固性、凝结性、耐老化性、易燃性等。

1. 耐腐蚀性

耐腐蚀性是指材料抵抗周围介质腐蚀破坏的能力。

2. 抗氧化性

抗氧化性是指材料在常温或高温时抵抗氧化作用的能力。

3. 耐候性

耐候性是指材料在各种气候条件下，保持其物理性能和化学性能不变的性质。

5.4 材料的美学特性

要对产品造型与形态进行设计，必须深入了解材料的美学特性，使产品造型依托材料体现出设计的美学内涵与价值。

5.4.1 材料的色彩美

色彩可以使材料的质感再次升华。材料的色彩可以分为固有色彩与人为色彩。材料的固有色彩和人为色彩是产品造型中的重要因素。

固有色彩是指材料本身的色彩，例如，木材的本色、塑料的本色以及其他材料的本身色彩。在产品造型活动中，必须充分发挥材料固有色彩的美感属性，而不能削弱和影响材料色彩美感功能的发挥。材料的人为色彩是根据产品的装饰需要，对材料进行颜色处理，如染色、喷涂等技术，使产品表面产生丰富的色彩美，如图 5-5 所示。

图 5-5 彩色的家具设计

5.4.2 材料的肌理美

肌理是天然材料自身的组织结构或人工材料通过人为组织设计而形成的一种表面材质效果。一般来讲，肌理与质感相接近，不同的材料具有不同的肌理。肌理也可以通过机械加工来获得，如对塑料材质过染色，可以得到花纹效果；对金属材料进行拉丝处理，可以形成精细的纹路。任何材料表面都以其特定的肌理显示其表面特征，不同的肌理会对人的心理反应产生不同的影响：有的肌理粗犷、坚实、厚重、刚劲；有的肌理细腻、轻盈、柔和、通透。即使是同一类型的材料，不同品种也会有微妙的肌理差异，如同样是木材，但是不同树种的木材却具有细肌、粗肌、直木理、角木理、波纹木理、螺旋木理、交替木理和不规则木理等千变万化的肌理特征。

1. 自然肌理

自然肌理是指材料自身所固有的肌理特征，它包含天然材料的自然肌理形态，如天然木材、石材等；也包含人工材料的肌理形态，如钢铁、塑料、织物等，如图 5-6 至图 5-9 所示。

图 5-6　木材肌理

图 5-7　木制手工葫芦与木制地板肌理对比

图 5-8　竹材产品肌理

图 5-9　材料肌理

2. 人工肌理

人工肌理是指材料表面通过机器加工所形成的肌理特征。它是材料自身非固有的肌理形式，通常运用喷、涂、镀、贴面等手段，形成一种新的表面肌理，如图 5-10 至图 5-14 所示。

图 5-10　人工肌理 1

图 5-11　人工肌理 2

图 5-12　人工肌理 3

图 5-13　人工肌理 4

图 5-14　人工肌理 5

3. 视觉肌理

视觉肌理是指通过视觉感受到的肌理特征，如木材的自然纹路、金属拉丝的纹路都可以使人一目了然，如图 5-15 和图 5-16 所示。

图 5-15　蚀刻花纹

4. 触觉肌理

触觉肌理是指用手触摸而感受到的肌理，如麻绳的表面肌理、石材的粗糙肌理、皮革的细腻纹理等，如图 5-17 至图 5-19 所示。

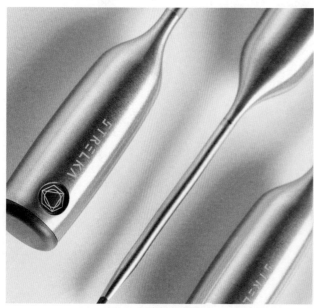

图 5-16　金属拉丝肌理

图 5-17　麻绳的触觉肌理

图 5-18　天然石头的触觉肌理

图 5-19　提包的表面触觉肌理

5.4.3　材料的光泽美

色彩是材料对光线的选择性吸收的结果，而光泽是材料表面方向性反射光线的结果。也就是说，材料越光滑，光泽度就越高，不同的光泽度也就使材料呈现出不同的明暗效果，也可以形成明暗虚实的对比。材料的光泽美感主要是通过视觉感受而获得心理、生理方面的反映，使人产生某种情感或某种联想，从而获得新的审美体验。

根据材料的受光特征可以将其分为透光材料和反光材料。透光材料受光后，直接投射，呈透明或者半透明状，形成轻盈、明快、开阔的视觉感受。反光材料因受光后，明暗对比强烈、高光反光明显，如抛光大理石表面、金属抛光面、塑料光洁面等，能给人以生动活泼的感觉；而表面粗糙的材料，受光后反光微弱，如木头、橡胶材料等，这些材料表现自身特性时，给人以质朴、柔和、安静、含蓄、平稳的感觉。

■ 材料的光泽美案例——图解产品表面的光泽美

透明度是指光线透过材料的视觉效果。透明度的不同会产生透明、半透明和不透明的效果，如图5-20至图5-24所示。

图 5-20　同一产品，不同材料的体现

图 5-21　半透明材料的表现

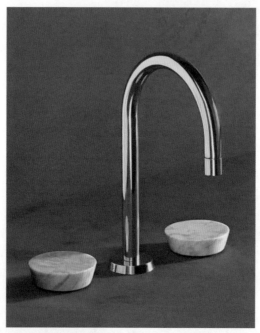

图 5-22　高光金属和亚光石材的对比

图 5-23　金属亚光效果 1

图 5-24　金属亚光效果 2

5.4.4　材料的质感美

材料的质感是材料的物理特性与化学特性的集中体现，更是材料在产品造型设计中的表现要素，其主要表现为材料的软硬、轻重、冷暖、干湿、粗细等。

当人们用手去触摸木材、石料、金属、玻璃等材料时，便会对材料质地产生不同程度的感觉。一般情况下质地粗糙的材料给人以朴实、自然、亲切、温暖的感觉；质地细腻的材料给人以高贵、静谧、华丽的感觉。同类表面状态的材料，由于材质的不同，给人的感受也不尽相同。表面粗糙的材料，如皮毛和岩石，前者触感柔软，富有人情味；后者坚硬、厚重，体现沧桑感；表面光滑细腻的材料，如丝绸和玻璃，也存在软硬、轻重等感觉差异。

■ 材料的质感美案例——图解产品表面的质感美

如图 5-25 至图 5-30 所示为不同材料在不同产品设计中的视觉体现。

图 5-25　金属材料选用

图 5-26　陶瓷产品材料选用

图 5-27　相机按键与机身材料质感的对比

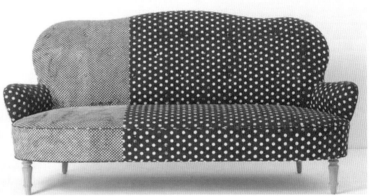

图 5-28　绒面沙发的柔和质感

图 5-29　水泥材料制作的灯具

图 5-30　聚碳酸酯制作的头盔

5.5 设计材料的主要感觉特性

感觉特性是人们通过视觉、触觉、味觉、听觉对材料做出的感官印象。材料的感觉特性是人的感觉器官对材料做出的综合印象，是来自人们内心的一种感受。材料的感觉特性是产品造型与形态设计中非常重要的因素。

材料的感觉特性由材料的触觉质感和视觉质感所形成。材料的触觉特性可以表现为粗犷与细腻、粗糙与光滑、温暖与冰冷、干皱与丝滑；视觉特性可以表现为华丽与朴素、浑厚与轻薄、厚重与轻盈、坚硬与柔软、粗俗与高雅、透明与不透明等基本感觉特性。

5.5.1 材料的视觉特性

一般来说，产品造型设计中材料的感觉特性是相对于人的触感而言的。由于人类长期触觉经验的积淀，大部分触觉感受已转化为视觉的间接感受。对于已经熟悉的材料，即可根据以往的触觉经验通过视觉印象判断该材料的材质，从而形成材料的视觉质感。人眼是捕捉外界信息能力最强的视觉器官，人们通过眼睛对外界进行了解，当视觉器官受到刺激后会产生一系列的生理及心理反应，使人产生不同的情感意识。

视觉质感是靠视觉来感知材料表面特性的，是材料被视觉感受后再经大脑综合处理产生的一种对材料表面特性的感觉和印象。材料对视觉器官的刺激因其表面特性的不同而产生视觉感受的差异。材料表面的色彩、光泽、肌理等要素会产生不同的视觉质感，从而形成材料的精细感、粗犷感、均匀感、工整感、光洁感、透明感、素雅感、华丽感和自然感。

5.5.2 材料的触觉特性

人们通常用触觉来体验材料的质感，通过触摸材料而感知材料的表面特性。例如，绸缎材料表面的柔软，精加工金属表面的精细，高级皮革、精美陶瓷釉面的细腻，都使人愿意接触。这类材料的表面使人感受到细腻、光洁、湿润、凉爽等感觉特性；相反，粗糙的砖块、未干的油漆、锈蚀的金属、泥泞的路面等会让人产生粗、粘、涩、乱、脏等不快心理，使人反感甚至厌恶，从而影响人的审美心理。

材料的触觉质感与材料表面组织构造的表现方式密切相关，材料表面的质感和肌理是产生不同触觉质感的主要因素。

在现代工业产品造型设计活动中，运用各种材料的触觉质感，不仅能使产品美观，还能使其更加符合功能的需要。例如，在产品接触部位进行触觉特性的设计，体现了防滑、易把握、使用舒适等实用功能，而且通过不同肌理、质地材料的组合，丰富了产品的造型语言，同时也为用户带来更多的新奇感受，如图 5-31 所示。

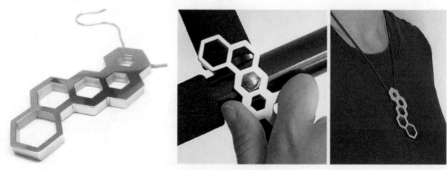

图 5-31 材料的触觉设计

5.6　金属的特性及其在产品造型中的应用

5.6.1　金属材料属性

金属是原子按照一定规律排列所形成的物质，人们将原子按照规律排列而形成的物质称为晶体。金属在通常条件下都是晶体，晶体中原子规则排列的情况随物质种类的不同而变化，原子的不同排列规则，最终决定了不同金属在材料性能上的差异。

金属的比重比较大，在常温下为固态（汞除外），在高温中熔化成液态。金属一般具有较好的弹性与塑性变形能力，因此其具有良好的延展性与加工性。金属抗拉伸、弯曲的能力强，比较坚硬，适用于铸造、冲压、焊接等工艺。

5.6.2　金属材料视觉特性

金属材料有着自身悠久的发展历史，也是现代工业设计中应用最广泛的材料。它富有一种极强的现代感与时尚感。不同的加工工艺和表面处理，可以赋予金属材料以丰富的表情。设计师将金属材料运用到产品造型与形态设计中，可以使产品表达出一种特殊情感，例如通过浇铸方式生产的金属制品让人产生凝重、庄严、肃穆之情；采用冲压方式将金属片或金属丝弯曲成型塑造的制品则富有轻盈、弹性、灵巧精致之感；经过腐蚀、打磨、喷砂、锻打等表面处理工艺的金属制品则带有朦胧的光泽，显得含蓄而尊贵。

■　金属材料在产品造型中的应用案例

如图 5-32 和图 5-33 所示为贵金属的不同色彩与光泽，再通过不同的造型设计表达，会产生多种华丽的视觉效果。

图 5-32　贵重首饰的材料选用

图 5-33　贵重手表的材料选用

　　金属材料给人总体的情感可以描述为：光亮、坚硬、力度、理性、现代、科技、冷漠、冰冷、重感，但不同的金属材料种类又具有不同的情感特性。可以根据色泽的不同，将其分为黑色金属和有色金属，其中黑色金属包括铁和铁的合金，表现出深重的黑色，给人以坚硬、凝重、冰冷、理性、厚重的感觉。有色金属是指铁和铁的合金之外的其他金属及其合金，由于它们分别具有不同的色泽故而得名。例如金、银、铜、铝、镁、锌、钛等，其中金和铜为金黄色，呈暖色，显示出华丽、尊贵、柔和、温暖的情感；而铝、钛和镁则呈银白色，带给人们雅致、含蓄、轻盈、现代的情感体验，再如合金材料——青铜，青灰的色泽给人以凝重庄严的感觉。

　　正是由于金属材料种类丰富、特征差异大以及加工、表面处理方式多样，故而它所能激发人们的心理情感体验也就非常丰富，可以广泛地应用于产品设计中，为产品创意提供一些灵感，如图 5-34 至图 5-40 所示。

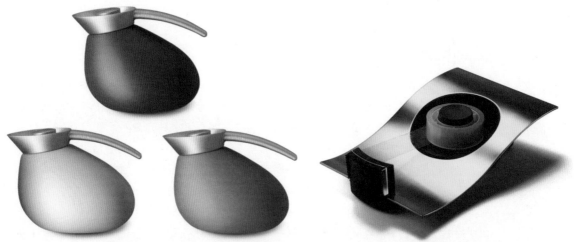

图 5-34　金属材料在产品造型中应用 1　　　　　图 5-35　金属材料在产品造型中应用 2

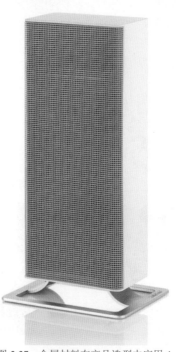

图 5-36　金属材料在产品造型中应用 3　　图 5-37　金属材料在产品造型中应用 4　　图 5-38　金属材料在产品造型中应用 5

图 5-39 金属材料在产品造型中应用 6　　　　　图 5-40 金属材料在产品造型中应用 7

5.7 塑料的特性及其在产品造型中的应用

5.7.1 塑料特性

塑料是一种人工合成的高分子材料，它通常由树脂和添加剂组成。树脂是塑料的主要成分，所用树脂的性能对塑料的性能起着关键的作用。添加剂包含填料、增塑剂、稳定剂、润滑剂、抗静电剂等。由于塑料具备低廉、可再生、易加工、种类繁多、性能优良的特性，故而被广泛运用在人们日常生活、工作的使用中，如手机、饭盒、水杯等。塑料是人们通过天然材料的合成、改性，有时还增加某些添加剂而得到的自然界原本不存在的固体材料，因而塑料的组成成分决定了塑料的不同种类特性，塑料还可以作为昂贵天然材料的替代品。

塑料具有优良的物理、化学与机械性能。通常质轻、无色透明、强度高，具有一定的弹性和柔韧性，耐磨损，化学性稳定。

5.7.2 塑料的视觉特性

在产品形态设计中，塑料具备更多的优势，受到设计师的普遍喜爱。塑料制品带给人们的情感体验也就更丰富，可以描述为：人造、轻巧、细腻、艳丽、优雅、理性。

首先，塑料种类繁多，质感多种多样，具有很强的仿造性，可以逼真地仿造玻璃、陶瓷、竹材、皮革、纸张等多种材料。例如亚克力是一种可以模仿玻璃的塑料，晶莹透亮，给人以明亮、透彻、优雅之感；再如聚氯乙烯是一种可以模仿木材、皮革、纸张等天然材料的塑料，虽然手感和质感相对不如模仿对象，但从视觉上可以以假乱真，给人以自然、温暖、人性、柔软的感觉；其次，塑料优良的加工性能赋予产品特殊的造型和丰富的色彩，给人以活泼、时尚、简约、动感、艳丽的情感体验，最后塑料经过电镀、磨砂、印刷等表面处理工艺，可以具有光洁明亮或凹凸不平或朦胧的质感，或带给人们类似金属的冷酷、坚硬，以及木材的自然、优雅等情感体验。塑料材质的产品造型具有多种形态和多样化的色彩，可以满足不同人的喜好，如图 5-41 至图 5-49 所示。

🔲 塑料在产品造型设计中的应用案例

图 5-41 中的天鹅造型，表面呈现高亮金属光泽，但实际上是塑料材质，在塑料表面通过电镀，可以形成一种仿金属的视觉效果。可见，塑料可以通过表面处理技术，获得新的表面效果。

图 5-41　仿金属的塑料材质

图 5-42　塑料产品设计造型 1

图 5-43　塑料产品设计造型 2

图 5-44　塑料产品设计造型 3

图 5-45　塑料产品设计造型 4

图 5-46　塑料产品设计造型 5

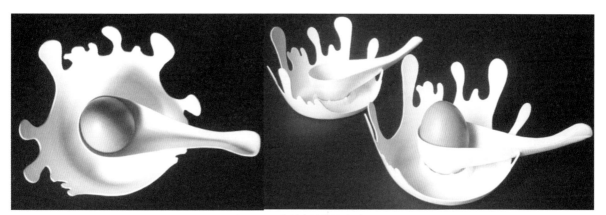

图 5-47　塑料产品设计造型 6

图 5-48　塑料产品设计造型 7

图 5-49　塑料产品设计造型 8

5.8 木材特性及其在产品造型中的应用

5.8.1 木材特性

木材是由树木的生长层分裂出来的细胞构成的。木材的细胞一般细长且中空，但是其形态和性能会因树种的不同而产生差异。就树干而言，木材可以分为边材（周边部分）和心材（中心部分）。心材的颜色较深，材质硬而重，耐腐朽性能好，可利用价值高；边材则相对颜色较浅，材质较软。

5.8.2 木材的视觉特性

木材是一种天然材料，具有独特的自然纹理和色泽，可以被广泛地应用在产品设计活动中。木材给人的印象是珍贵、自然、亲切、古朴、温暖、感性，给人文化底蕴深厚与历史悠久的感觉。

木材种类繁多，不同的树种获得的木材具有不同的纹理、硬度和色泽，一般分为硬木材和软木材。硬木材树干通直部分较短，具有美丽的纹理，材质较硬，如白杨、白桦、水曲柳、紫檀、胡桃木、乌木、柚木、榉木、楠木、樟木、黄柏等。其中胡桃木由于其表面的纹理独特优美，质地致密，色泽圆润，富有异国情调，历史上常被用来制作英国绅士的手杖，以体现其身份地位。直到现在，那些最高档的豪华轿车内部仍使用它作为内饰材料，以此彰显使用者的尊贵身份。软木材则树干笔直而高大、纹理平直、材质较软，如红松、马尾松、杉木、银杏、铁杉等，其中松木被大量应用在儿童家具设计中，表面涂以清漆，保留木材本身的自然纹理和色泽，给人以自然、环保、健康的感受，也可采用榫卯结构连接构件，体现一种色泽浑厚、庄严肃穆、素雅质朴、圆润自然、严谨干练的视觉效果。

🔲 **木材在产品造型中的应用案例—— 木制铃铛音箱**

如图 5-50 所示为英国设计师 Matthew Higgins 设计的木制铃铛音箱。其灵感源于传统留声机，音箱主体采用平行木胶合板，底座采用铝材。平行木胶合板是一种结构板材，在生产过程中单板按照平行的纹路叠压在一起，原料多为花旗松，最终可以得到最大长度为 20m 的板材。比起实木更长、更厚、更坚固。这种木材通常被用于建材行业。设计师把胶合木这种建材应用到电子产品设计中，通过现代工艺和材料给音箱增加了现代感，胶合板上的木纹则让音箱看上去更加自然，富有质感。从其他的木质产品造型中，我们也可以感受到木材的清新与自然，如图 5-51 至图 5-56 所示。

图 5-50 木制音箱的造型

图 5-51　木制桌子造型

图 5-52　木质曲线形态桌子造型

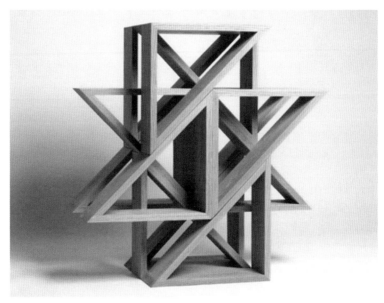

图 5-53　木制柜子造型

图 5-54　木制玩具造型

图 5-55　木制瓶子造型

图 5-56　木制椅子造型

5.9　玻璃的情感特性及其在产品造型中的应用

5.9.1　玻璃特性

玻璃是由二氧化硅和其他化学物质熔融在一起形成的。主要生产原料为：纯碱、石灰石、石英。普通玻璃的主要成分是二氧化硅，是一种无规则结构的非晶态固体。广泛应用于建筑物，用来隔风透光，属于混合物，另有混入了某些金属氧化物或者盐类而显现出颜色的有色玻璃和通过物理或者化学方法制得的钢化玻璃等。有时把一些透明的塑料，如聚甲基丙烯酸甲酯也称作有机玻璃。

5.9.2　玻璃的视觉特性

玻璃材料最大的特点是透光、折射、反射，其视觉效果受光与周围环境的影响较大。这使得玻璃给人以神秘莫测、光彩照人的情感体验。玻璃材料既具有机械规整的工业社会特性，也具有自然朴实、温馨可人的风貌。透明的材质特征可以激发各种比喻和想象，创造出一种漂浮并不确定的、如空气般的、虚空中的构成，并作为一种面的消隐方式。同时玻璃材料在高温下处于一种熔融状态，可以任意流淌塑造成美妙、随意、自由的形态，这种工艺特点使得玻璃给人一种妩媚、动态、轻盈的女性美，故而玻璃材料的情感特性可以被描述为：高雅、明亮、光滑、时髦、干净、整齐、协调、自由、精致、活泼。

■ 玻璃在产品造型设计中的应用案例

如图 5-57 至图 5-61 所示。

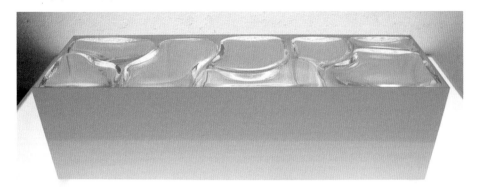

图 5-57 玻璃产品造型 1

图 5-58 玻璃产品造型 2

图 5-59 彩色磨砂玻璃产品造型

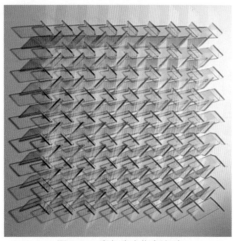

图 5-60　彩色玻璃艺术造型

图 5-61　彩色玻璃艺术造型的细节展示

5.10　本章总结与思考

5.10.1　本章总结

通过对本章的学习，我们了解了材料的种类和性能，以及各种材料在产品造型中的应用。同时我们要知道不同材料对产品造型的作用以及其成型规律，运用设计师的创造性思维，发挥出材料的优质属性，也要充分运用不同材料的结合，寻找不同材料之间的设计语言，将它们有序合理地组织在一起，从而使产品展示出新的立体形态，并使形态展现出新的魅力。

5.10.2　思考题

1. 如何理解材料与产品造型的关系？
2. 举例说明材料对产品造型的推动作用。
2. 如何理解材料对产品造型具有美学作用？请举例说明。
3. 请举例说明塑料的特点以及其在产品造型中发挥的作用。
4. 请举例说明木材的特点以及其在产品造型中发挥的作用。
5. 举例说明玻璃材质的特性。
6. 查找资料说明还有哪些新型材料可以用在产品造型的实践活动中？

《第 6 章》
产品造型与色彩

色彩的应用与表现其实存在于人们生活的每个角落，大自然仿佛是一个充满色彩的花园。任何事物也都离不开色彩的表达，那充满生机的绿色、沉静安稳的蓝色、热烈奔放的红色、高雅静谧的灰色⋯⋯不同的色彩相互组织，奏响视觉的乐章，使我们的生活充满活力与希望。

色彩是光的一种形式，是电磁波谱的组成部分，其涉及的知识微妙复杂。色彩本身是没有灵魂的，它只是一种物理现象，但经过设计师巧妙的设计与组织，我们却能感受到色彩的情感。这是因为我们长期生活在一个色彩的世界中，积累着许多视觉经验，一旦视觉经验与外来色彩刺激发生一定的呼应时，就会在人的心理上引起某种心理效应。所以我们离不开这个色彩世界，正如离不开阳光、空气和水一样。

6.1　色彩在产品造型设计中的作用

现实的世界里不能失去色彩，产品造型与形态设计更不能缺少色彩，没有色彩的造型是缺乏表现力的。在产品设计领域，精心设计的色彩已经成为一项重要的产品设计与营销战略，无论是面对市场的竞争，还是面对消费者的审美需求，色彩表现在产品造型与形态设计中都是相当重要的环节。它不仅影响产品造型与形态的外观，更对消费者与使用者的安全和舒适起到至关重要的作用。因此，随着时代的发展和设计观念的提升，进行产品造型与形态设计更要不断地研究色彩发展趋势，要利用巧妙的色彩搭配为产品立体造型与形态设计带来新的生机。

6.1.1　表达产品造型主题

人类的生活、学习与工作等一切活动，都是基于接受外部世界的信息来实现的。接受外界信息要依靠视觉、听觉、味觉、嗅觉等感觉特性。而人类的视觉与听觉接受信息的能力最准、最强，正如一句成语——"眼见为实，耳听为虚"，可见视觉器官获取信息的质与量是最为可靠的。人类大脑皮层有 1/4 的区域是视觉中枢，人类接受的信息中大约 70% ~ 80% 是视觉信息，而人的视线对物体进行的第一反应就是色彩。因为无论任何事物，最终都会通过色彩进行自身表达，从而进入人们的视线。人们也会依据色彩来对事物进行判断与选择。

在产品造型与形态设计中，色彩更是起到重要的作用。形态作为实现产品功能的载体，在产品造型设计中起到关键的作用。形态的实现需要借助材料与色彩的表现，如果说材料是产品形态的肌肤，那么色彩可以理解为形态的外衣。它是造型与形态设计的外在表现，合理的色彩设计将使产品形态的表达更具感染力。

■ 色彩对产品造型的作用案例——男士产品与女士产品的色彩对比

例如，柔和的形态需要利用具有稳定特性的色彩进行表达；激烈的形态需要利用奔放的色彩进行表达。为女士进行产品设计，要选用柔和的色彩；为男士进行产品设计，就要选用强烈的色彩。所以合理的色彩可以明确产品造型的主题。

如图 6-1 所示是一款女士脱毛器外观设计。圆润的曲线造型与曲面表达，轻巧柔和，淡雅的白色配合粉色的按键，体现出一种清新可爱的视觉感。

如图 6-2 所示是为男士设计的剃须刀，选用深蓝色配合黑色，体现一种阳刚之气。

图 6-1　女士脱毛器外观色彩　　　　图 6-2　男士剃须刀外观色彩

6.1.2　塑造产品造型风格

在生活中，人们不仅关注物体的形态，也将色彩作为欣赏的对象。如英国的红色电话亭，正是因为火红热烈的颜色而使其成为城市的名片；如今十分流行的"小黄人"，也正是因为色彩而成为全球知名卡通形象，如图 6-3 所示。

图 6-3　卡通色彩的应用

可见，色彩能为产品塑造一种风格，使产品受到人们喜爱。再如同样的产品，有人喜欢红色，而有人则喜欢白色，所以产品造型设计与表达要根据不同人的喜好而选用不同的颜色。还有的形态会因色彩的不同而展现出各不相同的视觉效果，如家居产品，通过鲜艳的色彩，能为居室环境增添亮丽的风景。

■　色彩对产品造型的作用案例——索尼产品的色彩对比

如图 6-4 和图 6-5 所示为伦敦索尼欧洲创意中心和东京总部共同开发设计的系列笔记本电脑。该产品获得了"中国电子产品色彩大奖"。设计师大胆地将用于时装设计的色彩代入该系列笔记本电脑中。除了经典的简约白与酷雅黑，自由绿、魅粉红、写意蓝以及富有质感的艺术灰色都成为该系列的翘楚，再辅以与机身颜色搭配的键盘，其完整和谐之美使该品牌产品体现出出类拔萃的风格。可见，变幻的色彩让追求个性和自由的年轻人更有机会展现自我。

图 6-4　彩色笔记本 1

图 6-5　彩色笔记本 2

6.2　色彩的基本知识

6.2.1　色彩成型原理

当人们处在黑暗中，眼睛什么都看不见；一旦有了光线的照射，就能欣赏到五彩斑斓的魅力世界，这证明光与色之间存在着必然的联系，现代科学研究也证实了这一点。太阳光是以电磁波形式存在的辐射能，其具有波动性和粒子性。电磁波作为波就会有波长，即波峰与波峰之间的距离。我们生活在波长不同的电磁波辐射之中，由于波长不同，电磁波的性质就不同。根据波长的差异，我们将电磁波分为伽马射线、X 射线、紫外线辐射、可见光、红外线辐射、无线电波等种类。它们的传播速度为 300000km/s。其中，波长在 380 ～ 780nm(nanometers) 内的小部分的电磁波能引起人的视觉反应，我们称之为可见光。

人眼无法感觉到可见光的颜色，所以也称可见光为白光。英国的物理学家牛顿曾进行过划时代的实验：他将太阳光从细缝引入暗室，并让它照射放置好的三棱镜，光就产生了折射，不同波长的光折射率不同，将它们分别投射到白色屏幕上，会呈现出红、橙、黄、绿、青、蓝、紫光谱色带，如图 6-6 所示。

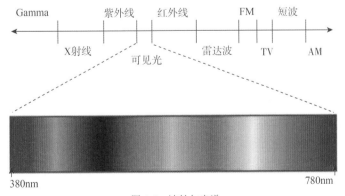

图 6-6　波长与光谱

色彩是视觉系统在光的照射下所做出的一种反应。色彩视觉是光的物理属性和人的视觉属性的综合反映。前者是客观因素，后者为主观因素，缺一不可。色彩是由于某一波长的光谱投射到人的视觉系统中，引起视网膜内色觉细胞兴奋而产生的视觉现象，对发光物体的色彩感觉，取决于发光体所辐射的光谱波长；对不发光物体的色彩感觉，取决于该物体所反射的光谱波长。不同波长的可见光引起人们不同的色彩感觉，如图 6-7 至图 6-9 所示。

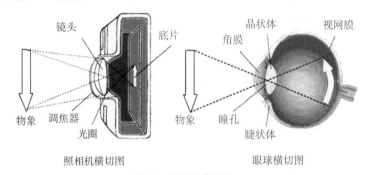

图 6-7　视觉成像原理 1

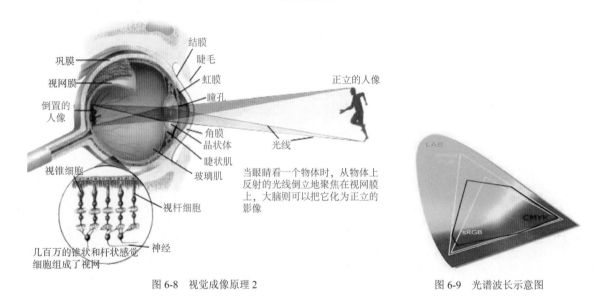

图 6-8　视觉成像原理 2　　　　　　　　　图 6-9　光谱波长示意图

6.2.2　色彩的基本属性

色彩可分为彩色系列和无彩色系列。无彩色系列是指黑色、白色及其介于黑与白之间而产生的灰色。彩色系列是指无彩色系列以外的各种色彩，彩色颜色的基本特征是：色相、纯度、明度，即色彩的三属性。

1. 色相

色相是色彩的基本相貌，辐射或反射主导波长的色彩视觉，是色彩相互区别的特性之一。标准色相以太阳光的光谱为基准。

2. 纯度

色彩纯度也称色彩饱和度，是指色彩的纯净程度，也指色相中色素的饱含量。在光谱中主导波长范围的狭窄程度，即色调的表现程度。波长范围越狭窄，色调越纯正、越鲜艳，反之亦然。

3. 明度

明度是指色彩的明暗程度，也可称亮度，是色调的亮度特性。它往往与色彩的纯度相关。色彩中一个性质的改变，会相应地导致另一个性质的改变。

如图 6-10 所示，上述三个基本特性可用图中的空间纺锤体表示。色彩中的任一特性发生变化，色彩将相应发生变化。在某一色调光谱中，白光越少，明度越低，饱和度越高。加入白光的色彩称为未饱和色，加入黑光的色彩称为过饱和色。因此，每一色调都有不同的饱和度和明度变化。如图 6-11 所示，若两种色彩的三个特性相同，在视觉上就会给人带来同样的色彩感觉。无彩色系列只能根据明度差别来区分，而彩色系列则可从色相、纯度和明度的差别来辨认。

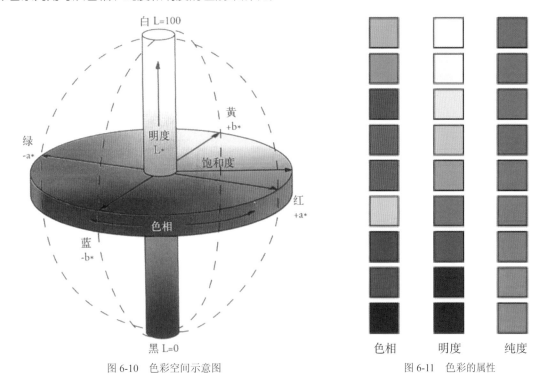

图 6-10 色彩空间示意图　　　　　　　　　　图 6-11 色彩的属性

6.2.3 色彩之间的关系

知觉的差别大于刺激程度所引起的差别，这种现象称之为对比。色彩的对比是指对各种色彩之间的色相、明度、纯度、冷暖、虚实、面积等进行对比。不同的色彩关系运用，对人的心理作用是不同的。

1. 色相对比关系

色相对比是指因色相之间的差别而形成的色彩对比关系。色相对比的规律主要是通过色相环来体现的。如十二色的色环，在色环中可以进行颜色选择，并进行对比。

单一色对比：指同一种颜色的对比，强调明度和纯度的变化，可以产生比较和谐的效果，如图6-12所示。

邻近色对比：相邻两色的对比，对比关系柔和含蓄，如图 6-13 所示。

类似色对比：间隔一色的两色对比，对比关系比较丰富，如图 6-14 所示。

对比色对比：间隔四色的两色对比，可产生欢快、明亮、华丽的对比效果，如图 6-15 所示。

互补色对比：间隔五色的两色对比，可产生刺激、强烈、动感的视觉效果，如图 6-16 所示。

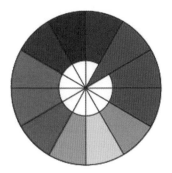

图 6-12 单一色对比

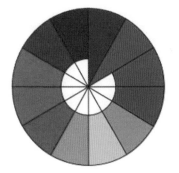

图 6-13 邻近色对比

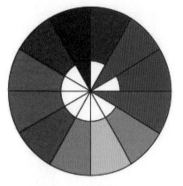
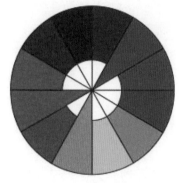
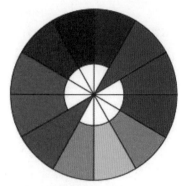

图 6-14　类似色对比　　　　图 6-15　对比色对比　　　　图 6-16　互补色对比

2. 明度对比关系

明度对比是配色的基础，它是指因明度差别而形成的色彩对比。色彩的层次、体感、空间关系主要依靠色彩的明度进行体现。

3. 纯度对比关系

纯度对比也称之为彩度对比。纯度高的色彩较为鲜艳，纯度低的色彩相对混浊一些。当纯度高的色彩与纯度低的色彩进行对比，可以产生对比效果。同一色相的色彩，也会因明度的差别而形成对比。

■　纯度对比关系案例

在产品造型设计中，不同纯度的色彩具有不同的情感表达。

高纯度：活泼、热烈、奔放。

中纯度：平和、稳重。

低纯度：平淡、自然、简朴。

所以对色彩进行研究与学习，对产品造型与形态的设计将起到重要的作用。

如图 6-17 所示为餐具设计。对餐具进行色彩的变化，可以形成一系列的色彩渐变效果，丰富了产品的视觉语言，也使消费者拥有了更多的选择。

如图 6-18 所示为男士化妆品的包装设计。该设计选用低纯度的色彩进行表达，既富有色彩，又不张扬，体现出沉稳低调的产品特性。

如图 6-19 所示为专用的色标与色卡。我们在进行产品设计时，对颜色的选用要依据色标来进行选择。不要单纯通过视觉来判断与选择，要依据标准色卡才能保证色彩的准确性。

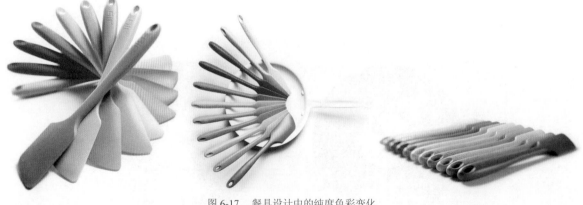

图 6-17　餐具设计中的纯度色彩变化

图 6-18 产品包装设计的纯度色彩变化

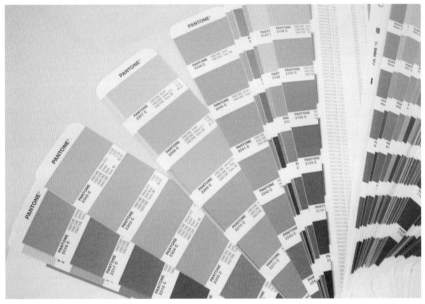

图 6-19 专用色标与色卡

6.3 色彩对人的影响

6.3.1 色彩对人的生理影响

色彩对人的生理机能起着直接的影响。实验研究表明，在色彩的影响下，人体的肌肉弹力能够加大，血液循环加快。色彩能通过人的视觉器官和神经系统调节人体体液，使人体消化系统、内分泌系统等都受到不同程度的影响。

凡是波长较长的色彩都能引起扩张性的反映，波长较短的色彩则引起收缩性的反映。例如，强烈的红色系列会使人体的机能兴奋和不稳定、血压增高、脉搏加快；而蓝色调会抑制各种器官的兴奋使机能稳定，迫使血压、心率降低。因此，科学合理地设计色彩环境，可以改善人的生理机能和生理过程，从而提高工作效率。

如图 6-20 所示为彩色的儿童餐具设计，鲜艳的色彩和图案可以使儿童兴奋，增进儿童食欲。

由于人的视觉系统对明度和纯度的分辨力不及对比度，因此在进行色彩对比时，一般选择色调对比为主要对比方法。在色调的选择上，要考虑到色彩对人的视觉影响，一般选择蓝色和紫色；其次是红色、橙色，但容易引起视觉疲劳；黄绿色、绿色、蓝绿色等色调不易引起视觉疲劳，而且认读速度快、准确性高。因此一般的主要视力范围内的基本色调宜采用黄绿色或蓝绿色为佳，如图 6-21 和图 6-22 所示。

图 6-20　彩色餐具设计　　　　　　　　　　　　　　　　图 6-21　对比色的运用 1

当色彩的波谱辐射功率相同时，视觉器官对不同颜色的主观感觉亮度也不同。例如，在以黄色调为主的黄绿色、黄色、橙色中，人们会感到黄色最醒目，其次是橙色。因此常以黄色、橙色做警告色。实验证明，若对黄色或橙色配以黑色或蓝色的底色，会产生近旁对比效应，能提高黄色或橙色的主观感觉亮度，易于辨认并引起注意，一般警示标牌都规定使用黄色，如图 6-23 所示。

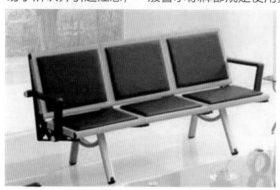

图 6-22　对比色的运用 2

图 6-23　警示色的运用

如图 6-24 所示，人的视觉系统能对色彩进行明暗调节，因此工作空间的色彩要保持总体一致，整个工作环境中的明度应保持色彩均匀性。因为人眼离开工作面而转向其他方向时，如果它们的明度差别过大，在视线转移过程中，眼睛要进行多次明暗适应，而容易加速视觉疲劳。

如图 6-25 所示，对于产品造型设计来讲，要求产品整体彩色要一致。切忌太多的色彩，要保持色彩均匀性。饱和度高的色彩会给人眼以强烈刺激感，所以在室内通常采用饱和度低一些的色彩，考虑到视线转移问题，室内空间中天花板、墙壁以及其他非操作部分也应采用饱和度低一些的色彩，与主体空间形成一致。

图 6-24　工作空间色彩的运用

一般产品或空间危险部位、危险标志的色彩应具有较高的饱和度，以增强刺激感。如图 6-26 所示为电动工具产品设计。具有危险性的产品开关按键与机械的警戒部位应采用纯度高的色彩。

图 6-25　同一产品不同色彩的运用

图 6-26　高纯度色彩在电动工具中的应用

6.3.2　色彩对人的心理影响

人类在长期生活实践中，形成了大量有关色彩的感受和联想，因此不同的色彩会对人的心理产生不同的影响，并因人的年龄、性别、经历、民族、习惯和所处的环境不同而异。

色彩与人的心理关系是指在色彩作用下，人的思想、感情等会引起相应的变化。人们都有这样的体会，当心情烦躁不安时，到绿树林中或海边散步，心情会很快恢复平静，这是由于绿色或蓝色对心理调节而产生的结果。这些色调还可适当降低皮肤温度，适当微弱减少脉搏次数，从而降低血压、减轻心脏负担。所以说合理的色彩设计对人体视觉疲劳的恢复和情绪质量的提高大有益处。一般来说浅蓝色、浅黄色、橙色益于保持精神集中、情绪稳定，病人房间的淡蓝色可使高烧病人情绪稳定，紫色使孕妇镇静，赭色则能帮助低血压病人升高血压，终日与黑色煤炭相伴的煤矿工人，最易视线模糊而产生朦胧心理，若在房间里涂上明亮的色彩，其心理状态可以得到极大改善。在红色环境中，人的脉搏会加快，血压有所升高，情绪兴奋冲动；而处在蓝色环境中，人的脉搏会减缓，情绪也较沉静。将这些规律运用到产品设计中，是大有益处的。

6.4　产品造型设计中的色彩运用

6.4.1　产品色彩的冷暖感

　　色彩本身没有冷暖的性质，但由于人从自然现象中得到的启迪和联想，便对色彩产生了"冷"与"暖"的感觉。如当看到红、橙、黄色时，人们就会联想到烧红的火焰，产生燥热的感觉，因此称红、橙、黄色调为暖色调。如图 6-27 至图 6-29 所示为暖色调产品造型。而看到青、绿、蓝色时，人们就会联想到青山、绿水、大海，产生凉爽的感觉，所以称青、绿、蓝色调为冷色调。冷色与暖色是依据心理错觉对色彩的物理性分类。对于颜色的物理性印象，大致由冷暖两个色系产生。波长长的红色光、橙色光、黄色光，本身有暖和感，所以光照射到任何物体都会有暖和感；相反，波长短的紫色光、蓝色光、绿色光，有寒冷的感觉。夏日我们关掉室内的白炽灯，打开日光灯，就会有一种变凉爽的感觉。在冷食或冷饮料包装上使用冷色，视觉上会让人对这些食物产生冰冷的感觉，因此像冰箱、空调等产品要使用冷色调色彩，如图 6-30 所示；烤箱、微波炉等产品要用暖色调色彩，如图 6-31 所示。

图 6-27　暖色调色彩运用 1

图 6-28　暖色调色彩运用 2

图 6-29　不同色彩运用

图 6-30　冷色调的冰箱设计品色彩运用

图 6-31　暖色调的烤箱设计品色彩运用

6.4.2　产品色彩的距离感

色彩具有距离感，一般颜色的明度不同，因此产生的距离感也不同。不同色调在不同背景色的对比作用下，可以使人对色调的感觉产生距离上的差异。

🔲　产品色彩的距离感案例

通常来讲，暖色调使人感到物体膨胀并拉近与物体之间的距离，即对象物被拉近自己，有前进感，因此暖色调被称为前进色。暖色调还有前凸感、空间紧凑感。一般产品设计中，突出的部件可以考虑用暖色调。冷色调使人感到对象被推出去了，有距离增加感和后退感，因此冷色调称为后退色。此外冷色调还有后凹感、体积收缩感、空间宽敞感等。有的产品需要体现小巧轻便的特点，可以考虑使用冷色调。明度也会改变远近感，在色调相同的条件下，明度高时会产生拉近感，明度低时会产生疏远感，因此可以利用色彩调节改变人们对产品或空间视觉的主观感觉，如图 6-32 和图 6-33 所示。

图 6-32　色彩距离感在产品设计中的运用 1

图 6-33　色彩距离感在产品设计中的运用 2

6.4.3　产品色彩的轻重感

色彩还具有令人惊讶的特性之一是：它有"重量"。国际色彩专家早在多年前就发现色彩有"重量"，并经过多种复杂的试验得出结论，各种颜色在人的大脑中都代表一定的"重量"。

如图 6-34 和图 6-35 所示，颜色按"重量"从大到小排列成如下顺序：红、蓝、绿、橙、黄、白。颜色不仅有"重量"，还具有味道感，暖色调的近感，使物体看起来好像密度小，重量轻；相反，冷色调的物体使人感觉要比实际重量重些。在色调相同的条件下，明度高的物体显得轻些，明度低的物体则显得重些。若明度、色调相同时，饱和度高的物体给人感觉轻些，饱和度低的物体则给人感觉重些。

图 6-34　色彩轻重感在产品设计中的运用　　　　图 6-35　色彩轻重感在产品设计中的运用

■ 色彩轻重感案例

以下是设计师们运用色彩轻重感设计的成功范例。

如图 6-36 所示，民用客机多因载客量大而体积庞大，巨型的客机随着科学技术的发展而有较高的安全系数，但其外观上的笨重总给人不够轻巧、安全的感觉。因此设计师们巧妙地利用色彩搭配，很好地解决了这个问题，白色和银白色是看起来最轻的颜色，使人们可以联想到飞翔的海鸥、轻盈的云朵等，而且白色和银白色都能很好地反射阳光，抵御强光的侵蚀，依据这样的色彩特征，设计师们将飞机设计成白色或银白色，使巨大的机体瞬间轻盈起来，而飞机的起落架相对于巨大的机体则显得过于弱小，设计师们用厚重的黑色包裹它，让它显得坚硬而富有支撑力。通过这样的色彩设计，再大体积的飞机看起来都像灵巧的鸟儿般轻盈，让人能够放心乘坐。

如图 6-37 所示为动车的车身设计。设计师们为了体现动车的快速和轻盈，一般选用银白色，使列车整体体现出快速感的视觉效果与安全感的心理感受。

如图 6-38 和图 6-39 所示，针对一些高大的重型设备的底部设计，多选用冷色调为基础的低饱和度暗色，以增加设备的稳定安全感，而一些操纵手柄或方向盘多用明快色以及明亮色的塑料，给操作人员以省力和轻快感。

图 6-36　飞机色彩设计

图 6-37　动车色彩设计

图 6-38　机械设备底座色彩处理

图 6-39　方向盘的色彩处理

　　如图 6-40 至图 6-43 所示，从图中我们可以看出，同一种产品选用不同的色彩，会使产品体现出不同的重量感。

图 6-40　色彩的重量感在产品设计中的应用 1

图 6-41　色彩的重量感在产品设计中的应用 2

图 6-42　色彩的重量感在产品设计中的应用 3

图 6-43　色彩的轻重感在产品设计中的运用 4

6.4.4　产品色彩的情绪感

红、橙、黄等暖色调一般具有积极和振奋人心的心理作用，但也能引起人的不安感或神经紧张感；青、绿、蓝等冷色调一般具有使人镇定的心理作用，但面积过大又会给人以荒凉、冷漠的感觉。而这种主观感觉主要是由明度和饱和度的变化所带来的。如明亮而鲜艳的暖色调，给人以轻快活泼的感觉；深暗混浊的冷色调给人以沉闷、压抑的感觉。

设计师对产品的色彩设计做到醒目并不太困难，但要做到与众不同，又能体现出产品文化内涵才是设计过程中最为困难的。在产品设计中，色彩要做到视觉吸引力最强，因为产品使用的色彩，会使消费者产生联想，诱发各种情感，使购买心理发生变化。但使用色彩来激发人的情感时应遵循一定的规律，心理学研究认为，在设计与饮食相关的产品时，多与产品本身进行联系，例如面包机，选用橙色、橘红色等暖色可使人联想到丰收、成熟，从而引起顾客的食欲并促使其购买；再比如对一些取暖机的设计，可以选用暖色，使用者通过产品的色彩就能体会到产品的功效；而设计洗洁用品则选用冷色色调更加适宜，如表 6-1、图 6-44 和图 6-45 所示。

表 6-1　色彩的感情效果

心理因子		评价	活动	力量
关系深浅尺度		喜欢——讨厌 美丽——丑陋 自然——做作	动——静 暖——冷 漂亮——朴素 明快——阴晦 前进——后退 烦躁——宁静 明亮——灰暗	强——弱 浓艳——清淡 硬——软 刚——柔 重——轻
色彩三属性 之间的关系	色相	绿，青——红，紫	红（暖色）——青（冷色）	基本无关
	纯度	大——小	大——小	基本无关
	明度	大——小	大——小	大——小

图 6-44　彩色耳机设计

图 6-45　彩色照相机设计

6.5　产品造型中的色彩运用原则

6.5.1　生活产品颜色选用原则

生活产品主要包括家用电器、厨房用品、娱乐设施、交通工具等，其配色应主要考虑色彩与产品的功能相适应，产品主体颜色与所处环境色彩相协调，操纵装置的配色要重点突出、避免操作失误，如图 6-46 至图 6-53 所示，具体的原则如下。

(1) 产品造型色彩的选择要体现出使用者的要求，针对不同使用者进行相应的设计。

(2) 色彩的选用要体现出产品特有的功能属性，例如娱乐产品可以选择纯度高的色彩，体现活力感；厨卫用品要体现出干净整齐的特性，可以选用纯度低一些的色彩；家居产品要结合居住环境，体现出色彩的和谐感等要求。

(3) 产品通体普遍使用一种色彩，可以体现整体效果。对一些按键、操纵装置、标志、文字细节可采用另外的色彩，重点突出其功能。

(4) 掌握好色彩冷暖、对比、轻重、强弱的和谐，以符合使用者心理需求。

(5) 对于产品的危险部位，要选用警示颜色进行警示说明。

图 6-46　耳麦的色彩设计

图 6-47　榨汁机的色彩设计

图 6-48　头盔的色彩设计 1

图 6-49　头盔的色彩设计 2

图 6-50　自行车的色彩设计

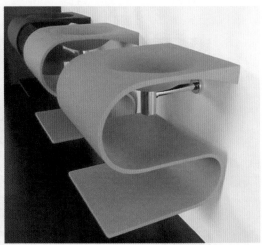

图 6-51　洗手盆的色彩设计

图 6-52　运动鞋的色彩设计　　　　　　　　　　图 6-53　首饰的色彩设计

6.5.2　机器设备和工作台面的色彩调节

机器设备一般主要包括主机、辅助设备和动力设备，以及显示屏幕和控制操纵装置等。其配色应主要考虑的是色彩与设备的功能相适应、设备的主体颜色与所处环境色彩相协调、危险与警示部位的配色要醒目、操纵装置的配色要重点突出、避免失误操作、确保操作安全、显示装置要突出并与背景有一定对比度，以引起使用者的注意，同时也有助于视觉认读，如图 6-54 至图 6-56 所示。具体的原则如下。

(1) 产品通体使用一种色彩，而按键、手柄、标志、文字等细节采用另外的色彩。

(2) 根据产品特征，不同部位选用不同颜色，保证使用者的视觉舒适，符合使用者的审美习惯。

(3) 一些专业化产品，突出其专业性、集成性，最好统一为一种颜色。

(4) 对于危险部位，要选用警示颜色进行警示说明。

(5) 掌握好色彩冷暖、对比、轻重、强弱的和谐，使机械设备的色彩更加合理。

图 6-54　电子机械产品颜色选用原则图示 1　　图 6-55　电子机械产品颜色选用原则图示 2　　图 6-56　电动工具色彩设计

此外，对于大型辅助性产品设计，如操作台、工作台面的选用色彩明度不宜过大，反射不宜过高。选用适合的色彩对比，可以适当提高使用者对细小零件的分辨度。但色彩对比度不可过大，否则容易造成视觉疲劳。

6.6 不同国家的人们对色彩的使用习惯

不同社会文化背景下的人们，在生活标准、兴趣爱好、风俗习惯、行为模式等方面均显示出各种差异。同时这种差异也表现在对同一颜色的理解，因此这种差异对使用者在选购产品时起到重要的影响，如表6-2所示。

表6-2　不同国家的人们对颜色的理解与偏爱

国家或地区	喜爱的颜色	禁忌色
法国	蓝色，粉红色	墨绿色
奥地利	绿色，鲜艳的蓝色，黄色，红色	
荷兰	橙色，蓝色	
瑞士	红白搭配，原色	黑色
意大利	黄色，红砖色，绿色	紫色
爱尔兰	绿色，鲜艳色	红白蓝搭配，橙色
英国	金色，黄色，银色，白色，红色，青色，绿色，紫色，橙色	
挪威	鲜艳色，红色，蓝色，绿色	
瑞典		黄色
保加利亚		鲜艳色
西班牙	黑色	
丹麦	红色，蓝色，白色	
希腊	白色，蓝色	黑色
罗马尼亚	白色，红色，绿色，黄色	黑色
巴基斯坦	鲜艳色，绿色，金色，银色，橘红色，绿色	黄色
伊拉克		黑色，绿色，黄色
叙利亚	青蓝色，绿色，红色	黄色
泰国	鲜艳色	红白蓝搭配，黄色，黑色
印度	红色，蓝色，黄色，绿色	黑色，白色，灰色
马来西亚	红色，橙色，鲜艳色	黄色
埃及	绿色	蓝色
新加坡	绿色，红色，蓝色	蓝色
韩国	鲜艳色，红色，绿色，黄色	黑色，灰色
日本	红色，绿色	黑色
伊朗	棕色，黑色，绿色，深蓝色和红色搭配	粉红色，紫色，黄色
沙特阿拉伯	棕色，黑色，绿色，深蓝色和红色搭配	粉红色，紫色，黄色
科威特	棕色，黑色，绿色，深蓝色和红色搭配	粉红色，紫色，黄色

国家或地区	喜爱的颜色	禁忌色
加拿大		白色
巴西		紫色，茶色
阿根廷	黄色，绿色，红色	黑色，紫色

6.7　本章总结与思考

6.7.1　本章总结

通过对本章的学习，大家了解到现代科学的发展使色彩运用更加灵活自由，但并不是意味着设计师可以随意指定色彩。设计师要综合考虑产品功能、产品特性、技术、市场以及消费者的心理等因素，从产品的整体出发，要体现出工业设计中以人为本的设计思想。因此无论是作为学生还是工业设计专业人员，都要不断地利用科学的方法，用敏锐的思维去开发出更多的色彩模式，真正地创造出富有人性化思想的优秀产品设计。

6.7.2　思考题

1. 如何理解色彩的属性？

2. 如何理解色彩的冷暖感？

3. 如何理解产品色彩中的距离感？请举例说明。

4. 如何理解产品色彩中的轻重感？请举例说明。

5. 色彩如何影响人的生理机制？

6. 色彩如何对人的心理发挥作用？

7. 进行生活用品设计时，如何选用色彩？有哪些注意事项？

8. 进行工具类产品设计时，如何选用色彩？有哪些注意事项？

《第7章》
产品造型的语义

7.1 产品造型的语义

7.1.1 语义的理解

"语义"一词来源于语言学，是指词语与语言的意义，也包含其演变的过程。而语义学则作为研究语言意义的一门学科，有着其独特的意义。设计界将研究语言的构想运用到产品设计中，也就是将"语义"的知识运用到产品造型实践活动中，因而形成了"产品语义学"的观念。

产品语义学理论是来源自 1950 年德国乌尔姆造型大学提出的设计符号论。其理念是将研究语言意义的方法应用在产品设计中，这极大地推动了当代产品设计的发展。

7.1.2 产品语义的定义

美国工业设计师协会 (IDSA) 给予其定义：产品语义学是研究人造物的形态在使用情境中的象征特性，并将此应用到设计中。它不仅包含物理性、心理性的功能，而且也包含心理、社会、文化等被称为象征环境的因素。它突破了传统设计理论将人的因素都归入人类工程学的简单思想，传统人类工程学仅对人的物理及生理机能进行考虑，而产品语义学将设计因素深入至人的心理和精神层面，真正地扩宽了人类工程学的范畴。

产品语义学实际上是借用了语言学的概念。语言学中的语义学研究对象是文字与语言，产品语义学主要研究对象是视觉造型与形态，它们属于视觉语言。产品的形态、构造、色彩、材料等要素构成了产品所特有的符号系统，通过每个微观细节赋予产品以新的生命，并传达出设计师的设计意图和思想。消费者也通过产品的造型与形态，了解产品的属性和操作方法，所以说造型与形态是设计师与使用者之间沟通的媒介。

7.2 产品造型语义的任务

产品语义学是基于符号学理论发展起来的。符号学中指出，产品作为人类语言模式符号系统中的一个子系统，是由许多符号组成的，其中每一个符号都具有其所代表的意义及其在系统中的作用。产品造型的语义是研究人造物的造型与形态在使用环境中的象征意义，其目的是促进产品与使用者之间的沟通，使产品更好地为使用者服务。

产品语义学认为产品自身构成一个完整的符号系统，是传递信息与表达意义的符号载体。设计师作为创造者，对原始信息加以综合处理，使其转化为具有语感的符号，并以产品形态的方式传递给使用者，其设计过程为"编码"的过程。

使用者作为接收方，在使用产品过程中，将凝结于产品中的符号还原为信息，并用于指导其对产品的正确认识和使用，这个过程称为"解码"过程。因而产品语义学要解决的问题就是"编码"与"解码"的过程。

产品造型的语义就是指造型所表达的含义和寓意。在产品造型过程中，形态是一种重要的载体，需要向外界传达信息，使用者通过造型与形态来读懂设计师的意图。造型的语义是对产品本身的诠释与解读，造型的语义使情感物质化，语言形象化。

■　产品语意案例——具有指示功能的坐具设计

如图7-1和图7-2所示为设计师根据"@"符号设计的创意家具产品，可以用作边桌、茶几或是凳子。整体采用桦木制作而成，巧妙设计出收纳空间，可以用来放置书籍、杂志等小物件，非常方便实用，并具有积极的语义作用。

图 7-1　具有语义的家具设计 1

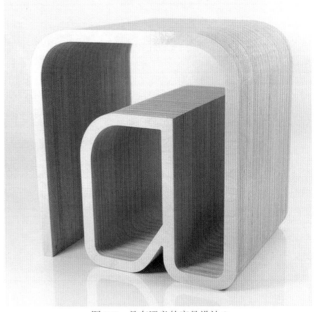

图 7-2　具有语义的家具设计 2

7.3　产品造型语义的作用

人类对形态的要求是不断变化的。当生理需求得到满足后，对形态又会产生心理的要求，即要求形态能够符合人的心理，使人愉悦，或者是要求形态能够体现用户的地位或生活习惯。例如，故宫太和殿中的龙椅，为了彰显王权地位，尺寸设计得很大，通过对龙的刻画，体现出至高无上的权力与地位。形态的象征内容往往体现了人们对美好事物的期盼，也反映出人们对文化与习俗的依恋，以及对现代技术的崇尚。

7.3.1 树立产品形象

随着人们之间交往密切与频繁，各种信息在世界上被广泛传播，设计活动也日趋国际化。以往产品在国际之间互通往往需要冗长的使用说明，而好的产品造型设计则可通过视觉符号来简单明确地阐明产品的特征与操作方法，消除了因文字和语言障碍所造成的不便。因此造型符号的国际化也将是今后产品设计的一个重要趋势。

如图7-3所示为奔驰汽车的内饰和仪表盘设计。该设计完全具备国际化的设计风格和统一的视觉语言，无论哪国的用户使用该汽车，都不会有使用障碍。

图7-3 奔驰汽车内部仪表盘设计

7.3.2 沟通感情

设计者在产品造型活动中，往往通过形态表达自己的感情，并以此引起使用者和观者的共鸣。例如，复古类产品设计，虽然形式没有现代设计的时尚和奢华感，但它能够唤起人们对过去岁月的怀念，从而产生一种怀旧情感，如图7-4所示。

7.3.3 传递信息

具有象征功能的形态往往能对外界传递一种信息。如哈雷摩托车，采用全手工钣金制作，工艺精致，堪称艺术品。这种精美的外观将怀旧情结展现得淋漓尽致；宝马摩托车则体现出高科技和现代感。两种不同的品牌通过不同的产品造型来体现出不同的理念和信息。

如图7-5和图7-6所示，图中的产品在形态上都巧妙地传递出产品的功能与属性。

图7-4 具有怀旧情感的产品设计

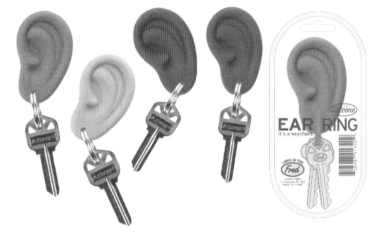

图 7-5　钥匙挂坠设计

图 7-6　防滑装置设计

7.3.4　营造气氛

　　形态的象征功能常常可以营造一种特殊的气氛。如宗教场所，利用提升高度和增大体量的方法来营造崇尚与敬畏的视觉感受。再如一些名贵手表，镶满钻石，使手表的价格大幅度提高，并营造了一种奢华的气息，营造气氛也可以更为深刻地诠释形态的语言。

7.4　产品造型语义的设计方法

7.4.1　引导功能

　　将语义学融入设计活动之中传达信息，需要设计师对产品的物质功能进行细致研究，对精神功能正确理解。设计师不仅仅是美学形式的创造者，更重要的是信息的传递者。产品形态是信息的载体，设计师所赋予产品的形式要素，如造型、色彩、肌理等要素，都是对人类长期的经验进行积淀与总结，直接或间接地影响人的情绪变化，并伴随着丰富的联想和想象。例如，传统的收音机，自其诞生之日起就一直沿用的造型能充分解释其本身的功能，不易使人产生认知及操作上的错误。然而由于微电子化、集成化、智能化的发展，现代高科技产品的信息含量越来越高，产品造型依附于传统形式的程度却越来越小，使用者须透过一定的设定模式（即造型符号）的引导来发挥产品的功能。这就需要设计师在了解产品的新技术之后，总结人们的日常生活经验，通过产品语义将其视觉化。将抽象的技术转化成具象的形态，传达给使用者，使人们对新产品感到亲切并易于使用。

视觉设计的作用是使人类和世界变得更加容易沟通，产品所给予的信息与其本身的功能及使用者的愿望应该是一致的。但是在很多情况下，设计师的意图不能被使用者正确理解，这就导致了识别和操作错误，这种"误导"显然是造型设计的失败。因此产品造型语义应当具有一定的逻辑性和科学性，能够准确传达出信息，精准地表达内容和形式之间的必要联系，这也是由产品的功能和价值所决定的。

图 7-7 数码相机操作界面

如图 7-7 所示为数码相机的操控界面，其形态清晰地向人们传达了操作方式，界面的布局使操作者一目了然，各种按钮都根据功能和属性进行区域划分，使操作者可以准确地操作。

7.4.2　分析用户

人与产品之间存在着一种信息交流的关系，使用者的年龄、性别、教育背景、气质特征、职业特性等都会导致个体心理结构的差异。每个人对同一形态会产生不同的联想，对产品的目标诉求也各不相同。设计师必须在心理学、社会学等多领域进行周密细致的研究，通过隐喻、暗喻、借喻、联想等多种方式向使用者传递自己的理念，使产品和使用者的内心情感达到一致的共鸣。设计师在有了设计构想之后，还要广泛研究社会的经济、文化动向，了解产品的性能特征，对消费对象各方面，诸如年龄层次、知识结构、经济状况等进行分析，然后运用自己的创造力，将构思转化为经过实践被大众所共识的视觉符号，从而准确诱导使用者的行为，最终达到设计的目的。

7.4.3　运用符号

产品造型除了表达其目的性以外，还要透过一些符号来传达产品的文化内涵，以此表现设计师的设计哲学，体现特定社会的时代感和价值取向。例如，流线型风格用象征性的表现手法赞颂了速度和工业时代精神，为 20 世纪 30 年代经济大萧条中的人们带来了希望和解脱。在商品经济高度发达的社会中，产品语义还应体现商品、经济等外在因素，如品牌的一致性和与其他产品相区别的特异性等。

7.5　产品造型语义的设计原则

7.5.1　产品造型语义的指示性原则

1. 区分性

产品造型多种多样，都具有各自不同的功能。若想正确读懂每种造型的含义，必须借助形态来进行表达。例如，汽车的车轮是圆形的，代表可以转动；若设计成方形的，那就失去了使用功能；再如操控按键的设计，旋钮代表旋转的操作方式，按键代表按压的操作方式；红色代表错误警告，绿色代表正确运行，使人通过色彩也可以读懂信息。

2. 统一性

具有相同功能的形态，在进行造型时，需要将它们统一起来，形成整体感。例如，汽车的内部操控台设计将不同功能的按键进行集合，控制空调的按键集中在一起，控制显示屏幕的按键集中在一起，控制灯光的按键也要集中在一个区域，这样的设计方便使用者快速操作，同时在造型上追求变化与统一，不仅使产品的布局美观，更加方便使用。

3. 亲和性

造型的亲和性是指造型与形态具备友好的交流性，它们能够符合人的生理需求和心理需求。例如，将座椅设计成符合人体尺度的形式，能够与坐者形成人与物的互动，而生硬的形态就会使坐者产生疲劳。

如图 7-8 和图 7-9 所示，图中标致旗下生产的 308 车型中的座椅设计，就很好地说明了这一点，传统 301 车型面向低端用户，座椅设计比较呆板，人体坐在座椅上，一旦时间稍长，就会使身体产生疲劳感；而新款 308 车型面向中高端用户，其座椅采用曲面形态，在尺度与形态上非常符合人体工程学，包裹性能很好，驾驶员坐在这样的座椅上，身体非常舒服，不易产生疲劳感，这就体现了形态的亲和性。还有我们使用的工具，在手柄的设计上，要使人能够准确并舒适地握住手柄，以减少失误，这也体现出形态的亲和性。

图 7-8　标致 308 符合人体工程学的座椅设计 1　　　图 7-9　标致 308 符合人体工程学的座椅设计 2

7.5.2　产品造型语义的说明性原则

产品设计是一门综合性的交叉学科。它是人与产品、环境、社会、自然沟通的媒介，并直接影响人的生活方式。产品造型与形态更具备说明和诠释的功能，如同文字和符号一样，我们常常将绘画称为形象语言，将舞蹈称为肢体语言，可见形态作为一种语言形式，在艺术造型中具有重要作用。

1. 简洁性

由于形态不同于文字，它需要集中地传达出高效信息，因此在进行表达时，一定要注意简洁，不要造成形态的堆积。简洁的形态不仅能够使人一目了然，更有利于产品的加工制作。

一个产品有时包含有很多的造型语义，要把它们全都完整地表达出来几乎是不可能的。产品的语义也有主次之分，要分清楚哪些是主要语义，哪些是起辅助功能的次要语义，然后把它们通过造型语言准确、生动、艺术地表达出来。

由于形态是有限的，如果在进行产品形态语义表达时不够准确，就不能完整地表达出作品的重要含义。所以在进行形态语义表达的过程中，要抓住重点，高度概括与总结。如电脑显示器的设计，电源开关以及控制按钮是主要物体，要通过色彩与形态重点表达，消除掉无用的信息，使人一眼就能辨认并正确操作。

2. 认同性

认同性是指形态要用来说明一定含义。设计师通过形态使观者产生认同感，从而使双方可以沟通，这也是形态具有说明功能的前提。人们之所以能够使用语言进行交流，是因为对语言的意义和表达具有认同性，也就是说语言可以被大家共同认知与确认。因此，形态的语义也具有认同性，否则将很难被人理解。例如，与人体结构相适应的形态能够获得人们的喜爱；相反，不符合人体结构的形态会使人疏远。直线让人感觉到理性，曲线让人感觉到柔美，红色使人警觉，绿色使人感到放心，这些特性都是人们经过长期的实践总结出的规律，如果在形态语义的使用中不遵循这些规律，将导致形态语义的混乱。

3. 恒久性

作为具备说明性的功能形态，必须是经得起推敲的形态，所以要具有恒久性。如果形态经常改变，就会使传达信息发生改变，会失去原有的意义。例如，国外汽车外观设计，整体形态已经形成一种经典形式，无论再推出多少新的样式，都会保留原有样式的精髓，这就是造型与形态的恒久性，如图 7-10 至图 7-14 所示。

图 7-10　宝马品牌汽车 1

图 7-11　宝马品牌汽车 2

图 7-12 宝马品牌汽车 3

图 7-13 宝马品牌汽车 4

图 7-14　宝马品牌汽车 5

■ 产品造型语意案例——"城市记忆"系列灯具设计

如图 7-15 所示为一款灯具设计。该设计传达出一种文化寓意。城市化的快速增长，使村落越来越少，高楼大厦的快速建起，使人们生活空间越来越拥挤，人们的距离虽然越来越近，但心灵的距离却越来越远。因此城市这个话题需要我们去思考，我们要发现城市独特的魅力，寻找城市的内涵，去挖掘城市璀璨灯光背后的动人之处，停一下脚步，留意一下身边的人和事。依据这个设计思路，设计师设计出"城市记忆"系列灯具，灯具采用可再生材料，搭配灵活的安装结构，可根据自己的心情，选用不同的形态。通过灯光的投影，产生图案般的光影，光影可以投射到地面或墙面上，就如同我们站在角落处看到的整个城市一般，不仅将灯光与投影充分地结合在一起，更使产品蕴含着人文情怀，仿佛诉说着人们的心声。

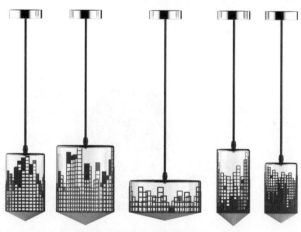

图 7-15　灯具设计

7.6 本章总结与思考

7.6.1 本章总结

通过对本章的学习，我们了解了产品造型语义的基础知识。我们要清楚地认知产品自身构成一个完整的符号系统，其是传递信息与表达意义的符号载体。

设计师作为创造者，要对原始的信息加以综合处理，使其能够转化为具有象征含义的符号，并以产品形态的方式传递给使用者，也就是"编码"的过程。使用者作为接收方，在使用产品过程中，将蕴含在产品系统中的符号还原为原始信息，在原始信息的指导下对产品正确认识和使用，也正是"解码"的过程。因而产品设计师就是要用优秀的产品形态，搭建设计师"编码"与用户"解码"的桥梁，使产品能够发挥出真正的功效。

7.6.2 思考题

1. 如何理解产品语义的定义？
2. 如何理解产品造型语义的功能与任务？
3. 如何理解"编码"与"解码"的概念及联系？请举例说明。
4. 如何理解产品造型语义中的说明性原则？
5. 产品造型语义的设计方法有哪些？

参 考 文 献

[1] 陈震邦 . 工业产品造型设计 [M]. 北京：机械工业出版社，2014.

[2] 张凌浩 . 产品的语意 [M]. 北京：中国建筑工业出版社，2015.

[3] 张宪荣 . 现代设计词典 [M]. 北京：北京理工大学出版社，1998.

[4] 赵得成 . 产品造型设计 [M]. 北京：北京海洋出版社，2013.

[5] 凌继尧 . 徐恒醇 艺术设计学 [M]. 上海：上海人民出版社，2000.

[6] 汤军 . 工业设计造型基础 [M]. 武汉：华中科技大学出版社，2007.

[7] 杨先艺 . 设计社会学 [M]. 北京：中国建筑工业出版社，2014.